国家中等职业教育改革发展
示范校核心课程系列教材

内地新疆农业中职专业实践学程设计

Neidi Xinjiang Nongye Zhongzhi Zhuanye Shijian Xuecheng Sheji

栾 艳 韩凤奎 主编

中国農業大學出版社
CHINA AGRICULTURAL UNIVERSITY PRESS

内 容 简 介

本书分为上下两部分，上篇为农艺类专业实践学程设计，主要介绍花卉生产、蔬菜生产、农作物生产和植物保护 4 个项目，共 30 个任务；下篇为畜牧兽医类专业实践学程设计，主要介绍科学养鸡、科学养乳牛、畜禽繁殖、疫病防治 4 个项目，共 14 个任务。内容旨在体现以学生为主体，教师为主导的教学组织，从而培养学生的专业能力、社会能力、操作能力及综合能力。

图书在版编目(CIP)数据

内地新疆农业中职专业实践学程设计/栾艳，韩凤奎主编. —北京：中国农业大学出版社，2016.3

ISBN 978-7-5655-1508-8

Ⅰ.①内… Ⅱ.①栾…②韩… Ⅲ.①农业技术-中等专业学校-教学参考资料 Ⅳ.①S

中国版本图书馆 CIP 数据核字(2016)第 027708 号

书　　名 内地新疆农业中职专业实践学程设计
作　　者 栾　艳　韩凤奎　主编

策划编辑 赵　中　　**责任编辑** 洪重光
封面设计 郑　川　　**责任校对** 王晓凤
出版发行 中国农业大学出版社
社　　址 北京市海淀区圆明园西路 2 号　　**邮政编码** 100193
电　　话 发行部 010-62818525，8625　　读者服务部 010-62732336
编辑部 010-62732617，2618　　出　版　部 010-62733440
网　　址 http://www.cau.edu.cn/caup　　**E-mail** cbsszs@cau.edu.cn
经　　销 新华书店
印　　刷 涿州市星河印刷有限公司
版　　次 2016 年 3 月第 1 版　2016 年 3 月第 1 次印刷
规　　格 787×980　16 开本　11.75 印张　210 千字
定　　价 23.00 元

国家中等职业教育改革发展示范校核心课程系列教材
建设委员会成员名单

序言

职业教育是“以服务发展为宗旨，以促进就业为导向”的教育，中等职业学校开设的课程是为课程学习者构建通向就业的桥梁。无论是课程设置、专业教学计划制定、教材选择和开发，还是教学方案的设计，都要围绕课程学习者将来就业所必需的职业能力形成这一核心目标，从宏观到微观逐级强化。教材是教学活动的基础，是知识和技能的有效载体，它决定了中等职业学校的办学目标和课程特点。因此，教材选择和开发关系着中等职业学校的学生知识、技能和综合素质的形成质量，同时对中等职业学校端正办学方向、提高师资水平、确保教学质量也显得尤为重要。

2015 年国务院颁布的《关于加快发展现代职业教育的决定》提出：“建立专业教学标准和职业标准联动开发机制，推进专业设置、专业课程内容与职业标准相衔接，形成对接紧密、特色鲜明、动态调整的职业教育课程体系”等要求。这对于探索职业教育的规律和特点，推进课程改革和教材建设以及提高教育教学质量，具有重要的指导作用和深远的历史意义。

目前，职业教育课程改革和教材建设从整体上看进展缓慢，特别是在“以促进就业为导向”的办学思想指导下，开发、编写符合学生认知和技能形成规律，体现以应用为主线，符合工作过程系统化逻辑，具有鲜明职教特色的教材等方面还有很大差距。主要是中等职业学校现有部分课程及教材不适应社会对专业技能的需要和学校发展的需求，迫切需要学校自主开发适合学校特点的校本课程，编写具有实用价值的校本教材。

校本教材是学校实施教学改革对教学内容进行研究后开发的教与学的素材，是为了弥补国家规划教材满足不了教学的实际需要而补充的教材。抚顺市农业特产学校经过十多年的改革探索和两年的示范校建设，在课程改革和教材建设上取得了一些成就，特别是示范校建设中的 18 本校本教材现均已结稿付梓，即将与同行和同学们见面交流。

本系列教材力求以职业能力培养为主线，以工作过程为导向、以典型工作任务和生产项目为载体，对接行业企业一线的岗位要求与职业标准，用新知识、新技术、新工艺、新方法，来增强教材的实效性。同时还考虑到学生的起点水平，从学生就业够用、创业适用的角度，使知识点及其难度既与学生当前的文化基础相适应，也更利于学生的能力培养、职业素养形成和职业生涯发展。

本套校本教材的正式出版，是学校不断深化人才培养模式和课程体系改革的结果，更是国家示范校建设的一项重要成果。本套校本教材是我们多年来按农时季节、工作程流、工作程序开展教学活动的一次理性升华，也是借鉴国内外职教经验的一次探索，这里面凝聚了各位编审人员的大量心血与智慧。希望该系列校本教材的出版能够补充国家规划教材，有利于学校课程体系建设和提高教学质量，能为全国农业中职学校的教材建设起到积极的引领和示范作用。当然，本系列校本教材涉及的专业较多，编者对现代职教理念的理解不一，难免存在各种各样的问题，希望得到专家的斧正和同行的指点，以便我们改进。

该系列校本教材的正式出版得到了蒋锦标、刘瑞军、苏允平等职教专家的悉心指导，同时，也得到了中国农业大学出版社以及相关行业企业专家和有关兄弟院校的大力支持，在此一并表示感谢！

教材编写委员会

2015 年 8 月

前言

本书是专为在内地学习的新疆中职学生设计的个性化教材。农业类职业岗位知识的综合性较强，岗位技能又常常是多项技能的组合，如果系统讲解专业知识，对于汉语言表达和理解能力相对较弱的内地新疆中职学生来说很难理解消化。本书结合内地新疆中职学生的认知特点，本着专业与职业岗位对接，内容与职业标准对接，教学与生产过程对接的原则，将农业实践课程作为主体，对专业主要实训内容进行了整合设计。

全书分为上下两部分，上篇为农艺类专业实践学程设计；下篇为畜牧兽医类专业实践学程设计。根据专业相关工种的国家职业技能标准设定每个项目的知识学习与技能学习的目标和内容，将专业核心课程作为项目，项目下设置主要工作任务，并将每项任务按照任务设计与实施、操作与观察记录（任务学习纲要）、任务考核与评价等方面设计，通过任务驱动，将知识点和职业岗位能力融入实践项目训练中。

上篇以主要园艺植物和农作物生产中的重点环节为中心开展教学活动。主要介绍花卉生产、蔬菜生产、农作物生产和植物保护 4 个项目，共 30 个工作任务，由栾艳编写；下篇包括科学养鸡、科学养乳牛、畜禽繁殖、疫病防治 4 个项目，共 14 个任务，由韩凤奎编写。

由于作者水平有限和时间仓促，不当之处在所难免，敬请专家和同行指教。

编　者

2015 年 10 月

目录

上篇　农艺类专业实践学程设计

下篇 畜牧兽医类专业实践学程设计

上　篇

农艺类专业实践学程设计

项目一　花卉生产
项目二　蔬菜生产
项目三　农作物生产
项目四　植物保护

项目一　花 卉 生 产

一、学习目标要求

1. 知识目标

表 1-1　花卉生产知识目标

知识层次	知识类别	知识范围	知识内容	要求程度
初级	基本知识	花卉管理技术操作规程、规范	国家及地方已颁布的花卉技术操作规程、规范	了解
		植物学及植物生理基础知识	植物六大器官的形态特征	掌握
			花卉的生长发育	了解
			影响花卉生长的因子	了解
		花卉学基础知识	花卉的分类	掌握
			常见花卉的形态特征	了解
			花卉在园林绿化中的作用	了解
			花卉在园林绿化中的应用	了解
	专业知识	花卉繁殖知识	花卉的有性繁殖	掌握
			花卉的无性繁殖	掌握
		花卉栽培知识	本地区土壤的特点	了解
			花卉栽培基质配制	掌握
			花卉栽培所需的设备	了解
			花卉养护的内容和质量要求	掌握
			花卉栽培常用肥料的使用	掌握
			花卉常见病虫害的防治	掌握

续表 1-1

知识层次	知识类别	知识范围	知识内容	要求程度
中级	基本知识	花卉学基础知识	花卉的生长习性与生态习性	掌握
			开花生理与调控	理解
			花卉育种基本知识	了解
		植物保护知识	植物保护基本知识	掌握
			花卉常见病虫害的发生时期、危害部位及防治方法	掌握
			常见药剂的性能与使用	掌握
		土壤肥料知识	培养土配制的基本要求	掌握
			常见肥料的性能与使用	了解
	专业知识	花卉繁殖知识	花卉种子的类型	了解
			容器育苗的特点	掌握
			无性繁殖的原理与特点	理解
			组织培养的原理与方法	了解
		花卉应用知识	庭院布置的类型	了解
			花坛设计、施工与养护	了解
			室内花卉布置的原则	理解
			室内花卉的养护要点	掌握
		工具和仪器使用知识	常用工具和仪器的使用方法	掌握
			园林机具的操作规程	了解
高级	基本知识	植物生理与生态知识	植物生理基础知识	理解
			生态环境基础知识	了解
	专业知识	花卉品种保存知识	遗传育种基础知识	理解
			防止花卉品种退化的措施	掌握
			花卉引种、驯化、繁育、检疫相关知识	了解

续表 1-1

知识层次	知识类别	知识范围	知识内容	要求程度
高级	专业知识	花卉繁殖知识	一二年生草本花卉繁殖	掌握
			宿根花卉繁殖	掌握
			球根花卉繁殖	掌握
			木本花卉繁殖	掌握
		花卉栽培知识	一二年生草本花卉栽培管理	掌握
			宿根花卉栽培管理	掌握
			球根花卉栽培管理	掌握
			常见温室花卉栽培管理	掌握
			观叶花卉栽培管理	掌握
			花卉无土栽培	了解
		花卉应用知识	运用花卉合理进行绿地布置	掌握
			花坛、花境、地被的养护要点	掌握

2.技能目标

表 1-2 花卉生产操作技能目标

技能层次	技能类别	技能范围	技能内容	要求程度
初级	操作技能	常见花卉和病虫害的识别技能	常见花卉识别50种	掌握
			本地常见花卉病虫害识别	掌握
		繁殖技能	播种育苗技术	掌握
			扦插育苗技术	掌握
			嫁接育苗技术	掌握
			分生繁殖技术	掌握
			压条繁殖技术	掌握

续表 1-2

技能层次	技能类别	技能范围	技能内容	要求程度
初级	操作技能	栽培技能	露地苗床制作	掌握
			上盆与换盆	掌握
			露地灌木修剪	掌握
		病虫害防治技能	本地发生的主要病虫害	了解
			常见化学药剂的配制与使用	掌握
	工具仪器设备使用维修	使用与维护技能	常用器具的使用与维修	掌握
			栽培工具的使用与保养	掌握
			温室维护基本知识	了解
	其他	安全生产技能	药剂使用安全防护	了解
			安全生产规程操作	掌握
中级	操作技能	花卉识别技能	识别常见花卉 80 种以上	掌握
		花卉育苗技能	花卉容器育苗	掌握
			花卉无土介质扦插育苗	了解
			组培苗移栽技术	了解
		花卉栽培技能	土壤 pH、EC 测试	掌握
			常见盆栽花卉养护	掌握
			常见露地花卉养护	掌握
			常见花灌木的整形修剪	掌握
		花卉应用技能	花坛布置	掌握
			室内花卉布置	掌握
			鲜切花花艺装饰	掌握
	工具设备使用维护	工具、仪器、设备使用维护技能	塑料大棚的安置与维护	掌握
			温室及附属设施维护	掌握
			常用工具、设备一般故障排除	了解
	其他	安全生产技能	药剂使用安全防护	了解
			安全生产规程操作	掌握

续表 1-2

技能层次	技能类别	技能范围	技能内容	要求程度
高级	操作技能	花卉应用技能	大型花坛的施工与养护	掌握
			花卉租摆及布置	掌握
		花期控制技能	主要花卉花期控制	掌握
		花卉生产技能	名贵花卉养护	掌握
			花卉养护中出现的问题解决	掌握
	工具设备使用维护	工具、设备的使用与维护技能	塑料大棚的安置与维护	掌握
			荫棚的安置与维护	掌握
			应用常用工具、仪器	掌握
			维修和保养常用工具、仪器	掌握
	其他	安全生产技能	药剂使用安全防护	掌握
			安全生产规程操作	掌握

二、相关学习内容

1.知识学习

表 1-3 相关知识学习内容

知识类别	相关内容	具体要求
基本知识	1.植物及植物生理	1.植物器官、组织及其功能 2.植物生长发育规律 3.温、光、水、肥、气等因子对植物生育的影响
	2.土壤与肥料	1.土壤的组成、分类及结构 2.土壤肥力因素 3.土壤 pH 的测定及调节 4.常用肥料的性质及使用方法 5.当地土壤的性质及改良方法 6.营养液的配制、调节
	3.植物保护	1.病虫害基本知识 2.当地主要花卉常见病虫害 3.病虫害防治技术 4.常用农药的剂型及使用方法
	4.气象	1.本地区气候基本特征 2.二十四节气和物候

续表 1-3

知识类别	相关内容	具体要求
专业知识	1. 土壤耕翻、整理及改良	1. 土壤耕翻、做畦技术 2. 培养土的成分及配制 3. 园艺植物对土壤的要求 4. 无土栽培
	2. 花卉的分类与识别	1. 花卉的分类方法 2. 当地常见花卉植物的识别
	3. 花卉的繁育	1. 花卉有性繁殖——种子繁殖 2. 花卉无性繁殖——扦插、压条、分株、分球、嫁接 3. 种子处理的方法 4. 促进插穗生根的方法 5. 花卉育种一般常识 6. 国内外花卉引种的一般程序
	4. 花卉的栽培	1. 常见露地花卉的栽培方法 2. 常见盆栽花卉的栽培方法 3. 常见切花的栽培方法 4. 草坪及地被植物栽培方法 5. 花卉的促成、延迟栽培技术
	5. 花卉产品处理及应用	1. 切花的采收及采后处理 2. 花卉产品应用常识 3. 盆花的陈设及养护 4. 一般花坛的设计及布置 5. 草坪修剪及养护
	6. 园艺设施的选型及利用	1. 主要园艺设施的应用 2. 常规园艺生产设施的使用与维护 3. 设施内温度、湿度、光照等因子控制
相关知识	1. 园艺材料	1. 覆盖材料的特点和选用 2. 生产用盆钵的种类及特点
	2. 园艺花卉概论	1. 种植花卉、草坪的意义 2. 花卉园艺工的工作内容
	3. 相关法规	1. 国家有关发展花卉业的产业政策 2.《进出境动植物检疫法》中花卉进出口的有关内容
	4. 工作能力	1. 具有一定的工作组织能力 2. 建立田间档案 3. 指导生产作业

2. 技能学习

表 1-4 相关技能学习内容

技能层次	主要内容	具体要求
初级操作技能	1. 园艺设施的使用与维护	1. 大棚、温室等设施的使用及维护 2. 保护设施覆盖材料的选用
	2. 栽培技术	1. 土壤耕翻、整地做畦 2. 培养土的配制与土壤消毒 3. 花卉的繁殖 4. 常见花卉及草坪的整形、修剪 5. 花卉上盆、换盆和翻盆 6. 种子(种球)等的采收、处理及贮藏 7. 花卉常见病虫害防治 8. 农药的使用 9. 肥料的使用
中级操作技能	1. 园艺设施的选型、利用与维护	1. 装配和维护一般园艺设施 2. 调整园艺设施内环境因子
	2. 栽培技术	1. 花卉种植和控制花期的栽培 2. 花卉良种繁育 3. 各种花卉及草坪的修剪和整形 4. 根据花卉生长发育状况进行合理肥水管理和病虫防治等
	3. 设计和制作	1. 一般花坛的设计和施工 2. 作花篮、花束 3. 会场的花卉布置
高级操作技能	1. 栽培技术	1. 花期促控技术 2. 树木、花卉整形修剪和造型 3. 花卉的无土栽培 4. 花卉病虫害诊断及防治
	2. 育种技术	1. 花卉常规育种和杂交制种 2. 新品种引种及试种 3. 花卉组织培养
	3. 产品应用	1. 艺术插花 2. 按室内装饰和室外造景设计要求进行布置和施工
工具使用	工具使用和维修	1. 花卉生产机具和设备设施的使用及维护 2. 园艺工具一般故障排除、维修和保养 3. 草坪机械的使用和保护
安全及其他	安全文明操作	1. 严格执行国家有关产业政策 2. 合理安全使用机具和电气设备 3. 合理安全使用农药

三、任务学程设计

任务一 播种育苗

1. 任务设计与实施

播种育苗任务设计与实施表

任务	播种育苗	实施地点	校内实训基地
教学方法	多媒体教学、现场教学	课时	6
教学内容	1. 种子的选择 2. 种子的播前处理 3. 播种用土的配制与消毒 4. 播种容器的准备 5. 装土及打底水 6. 播种方法 7. 播种后管理 8. 出苗后管理		
教学目标	1. 观察比较各类花卉种子的外形特征及内部结构，进而分析并选择适宜的种子播前处理方法 2. 对种子的生长变化进行有根据的预测，分组完成播种育苗工作任务，并在课后持续观察记载种子发芽、出苗及生长过程 3. 理实融合、交互渗透、培养合作学习、沟通交流和实验探究能力		
资源准备	电脑、投影仪、课件、视频、参考书、相关网址、相关教学素材等		
预习设计	1. 不同外形的种子播种是否均能形成植株 2. 种子发芽率和生活力的测定方法 3. 常用的栽培基质 4. 栽培基质 pH 和 EC 的测定方法 5. 不同种子播种的深度为什么不同 6. 播种的方法		
材料用具	种子、育苗盘、培养土、杀菌剂、喷壶、地膜、工具、苗床等		

续表

	教师活动	学生活动	教学策略设计
学程设计	1.检查学习任务预习情况，提出相关问题	1.学生课前准备、资料收集整理记录、回答问题	任务驱动 自主学习
	2.学生分组	2.推选组长	分组协作
	3.讲解花卉播种育苗学习任务内容，提出学习要求	3.在教师指导下学习播种育苗相关知识	学习任务单
	4.指导小组交流，完成实施方案	4.小组讨论，确定实施方案	课堂研讨 合作学习
	5.教师示范演示操作、巡回指导、检查	5.独立完成播种过程，小组共同完成育苗任务	现场指导 现场操作
学习评价	1.理论知识测试 2.实施结果评价	1.回答问题 2.自行评价	多元评价
教学总结	1.教师根据学生的考核情况，总结播种前处理、播种深度、覆土厚度、浇水方法等，强调操作中应注意的问题；根据任务实施情况检查对操作过程予以评价。 2.学生思考、总结小组和个人在任务实施过程中的优缺点，对存在的问题进行讨论，提出解决的办法并完成任务报告。		
作业布置	1.种子处理的方法是什么？ 2.播种操作流程是什么？ 3.穴盘育苗有什么优点？ 4.播种后管理注意事项是什么？ 5.发生出苗障碍怎么办？		

2.操作与观察记录

播种育苗过程记录表

花卉名称	播种日期	开始出芽日期	50%出芽日期	80%出芽日期	真叶期	温度/℃	湿度/%

3. 任务考核与评价

播种育苗考核评价表

<table>
<tr><td>姓名</td><td></td><td>指导教师</td><td colspan="3"></td></tr>
<tr><td>班级</td><td></td><td>小组成员</td><td colspan="3"></td></tr>
<tr><td rowspan="2">考核内容</td><td rowspan="2">赋分标准</td><td rowspan="2">分值</td><td colspan="3">得分</td></tr>
<tr><td>教师评价
(50%)</td><td>小组评价
(30%)</td><td>个人评价
(20%)</td></tr>
<tr><td rowspan="5">学习态度
与职业素养
(20分)</td><td>预习任务相关知识内容并查找相关资料</td><td>5</td><td></td><td></td><td></td></tr>
<tr><td>实训操作规范</td><td>3</td><td></td><td></td><td></td></tr>
<tr><td>态度端正、积极主动完成任务</td><td>3</td><td></td><td></td><td></td></tr>
<tr><td>善于沟通、合作学习、具有团队意识</td><td>4</td><td></td><td></td><td></td></tr>
<tr><td>独立完成作业和任务报告</td><td>5</td><td></td><td></td><td></td></tr>
<tr><td rowspan="7">任务操作技能
(40分)</td><td>种子的选择及播前处理</td><td>4</td><td></td><td></td><td></td></tr>
<tr><td>播种容器的准备</td><td>5</td><td></td><td></td><td></td></tr>
<tr><td>播种用土的配制与消毒</td><td>10</td><td></td><td></td><td></td></tr>
<tr><td>pH 和 EC 值测定</td><td>3</td><td></td><td></td><td></td></tr>
<tr><td>装培养土及打底水</td><td>3</td><td></td><td></td><td></td></tr>
<tr><td>播种(深度、密度、均匀)</td><td>10</td><td></td><td></td><td></td></tr>
<tr><td>覆土、浇水与覆盖</td><td>5</td><td></td><td></td><td></td></tr>
<tr><td rowspan="2">实训成果
(20分)</td><td>出苗情况及播种后管理</td><td>10</td><td></td><td></td><td></td></tr>
<tr><td>观察记录及任务报告</td><td>10</td><td></td><td></td><td></td></tr>
<tr><td rowspan="2">岗位工作
知识考核
(20分)</td><td>种子播前处理的方法</td><td>10</td><td></td><td></td><td></td></tr>
<tr><td>播种工序</td><td>10</td><td></td><td></td><td></td></tr>
<tr><td colspan="2">总计</td><td>100</td><td></td><td></td><td></td></tr>
<tr><td colspan="2">总评</td><td></td><td></td><td></td><td></td></tr>
</table>

任务二 扦插繁殖

1. 任务设计与实施

扦插繁殖任务设计与实施表

任务	扦插繁殖	实施地点	校内实训基地
教学方法	多媒体教学、现场教学	课时	6
教学内容	1.插穗的选择 2.插穗的剪取与处理 3.扦插基质的准备与消毒 4.扦插容器的准备 5.扦插方法 6.扦插后管理		
教学目标	1.根据不同花卉形态特征，选择插穗的处理方法和扦插方法 2.完成硬枝、嫩枝、叶、芽、根的扦插繁殖工作任务，并在课后观察记载扦插苗的生长情况 3.理实融合、交互渗透、培养合作学习、沟通交流和实验探究能力		
资源准备	电脑、投影仪、课件、视频、动画、参考书、相关网址、相关教学素材		
预习设计	1.插穗的选择和处理方法 2.扦插方法 3.扦插深度和密度的确定 4.促进扦插生根的方法		
材料用具	木本和草本花卉若干种、育苗盘、河沙、培养土、杀菌剂、喷壶、地膜、修枝剪及相关工具等		

续表

	教师活动	学生活动	教学策略设计
学程设计	1.检查学习任务预习情况，提出问题	1.学生课前准备、资料收集整理、回答问题	任务驱动 自主学习
	2.学生分组	2.推选组长	分组协作
	3.讲解花卉扦插繁殖学习任务内容，说明各类繁殖方法的适用范围	3.在教师指导下学习扦插繁殖相关知识	学习任务单
	4.指导小组交流，完成实施方案	4.小组讨论，确定实施方案	课堂研讨 合作学习
	5.教师示范演示操作、巡回指导、检查	5.独立完成插穗的选择与处理过程，小组共同完成扦插繁殖任务	现场指导 现场操作
学习评价	1.理论知识测试 2.实施结果评价	1.回答问题 2.自行评价	多元评价
教学总结	1.教师根据学生的交流与考核情况，总结插穗的选择处理、扦插要求、扦插方法等，强调操作中应注意的问题；根据任务实施情况检查对操作过程予以评价。 2.学生思考、总结小组和个人在任务实施过程中的优缺点，对发现的问题予以解决，完成任务报告。		
作业布置	1.是什么扦插繁殖？ 2.采集插条的最佳时间和选条标准是什么？ 3.常用的扦插方法有哪些？ 4.提高扦插成活率的关键措施有哪些？		

2.操作与观察记录

扦插繁殖育苗生长观察记载表

插条名称	扦插日期	扦插株数	生根剂种类、浓度、处理时间	插条生根情况			成活株数/株	成活率/%	未成活原因
				生根部位	生根数/条	平均根长/cm			

3. 任务考核与评价

扦插繁殖考核评价表

姓名		指导教师			
班级		小组成员			
考核内容	赋分标准	分值	得分		
			教师评价（50%）	小组评价（30%）	个人评价（20%）
学习态度与职业素养（20分）	预习任务相关知识内容并查找相关资料	5			
	实训操作规范	3			
	态度端正、主动完成任务	3			
	善于沟通、合作学习、具有团队意识	4			
	独立完成作业和任务报告	5			
任务操作技能（40分）	插穗的采集与选择	3			
	插穗的处理及剪留	10			
	扦插基质的配制与消毒	7			
	扦插容器准备及基质填装	5			
	扦插	10			
	扦插后浇水与保湿	5			
实训成果（20分）	扦插生根情况	10			
	观察记录及任务报告	10			
岗位工作知识考核（20分）	插穗的处理方法	10			
	提高扦插成活率的措施	10			
	总计	100			
	总评				

任务三　分 生 繁 殖

1. 任务设计与实施

分生繁殖任务设计与实施表

任务	分生繁殖	实施地点	校内实训基地
教学方法	多媒体教学、现场教学	课时	4
教学内容	1.分株繁殖 (1)挖取母株 (2)分割 (3)栽植 2.分球繁殖 (1)分离子球 (2)子球分级 (3)栽植		
教学目标	1.根据不同花卉形态特征及特性，确定分割处理的方法 2.分组完成分株和分球繁殖的工作任务，并在课后观察记载分生苗的生长过程 3.培养学生自主发现问题能力及相互协作意识		
资源准备	电脑、投影仪、课件、相关网址、相关教学素材		
预习设计	1.采用分生繁殖的花卉类型 2.分割部位的选择和处理方法 3.球根花卉的类型及分球要求 4.分株繁殖需注意的问题		
材料用具	丛生灌木、带萌蘖的多年生草本、球根花卉若干种、栽培床、花盆、培养土、喷壶、修枝剪、刀、锹、铲工具等		
学程设计	教师活动	学生活动	教学策略设计
	1.检查学习任务预习情况，提出问题	1.学生课前准备、资料整理、回答问题	任务驱动 自主学习
	2.学生分组	2.推选组长	分组协作
	3.讲解花卉分生繁殖学习任务内容，说明不同类型花卉的分割要点	3.在教师指导下学习分生繁殖相关知识	学习任务单
	4.指导小组交流，完成实施方案	4.小组讨论，确定实施方案	课堂研讨 合作学习
	5.教师示范演示操作、巡回指导、检查	5.小组共同完成分生繁殖任务	现场指导 现场操作

续表

学习评价	1. 理论知识测试 2. 实施结果评价	1. 回答问题 2. 自行评价	多元评价
教学总结	1. 教师根据学生的交流和考核情况，总结不同类型花卉的分割处理方法与要求等，强调操作中应注意的问题；根据分组实施情况检查对操作过程予以评价。 2. 学生思考、总结小组和个人在任务实施过程中的优缺点，完成任务报告。		
作业布置	1. 什么是花卉分生繁殖？ 2. 分株繁殖注意事项是什么？ 3. 分球繁殖注意事项是什么？		

2. 操作与观察记录

分株繁殖育苗生长观察记载表

花卉名称	分株分根日期	分株分根数/丛	成活数/丛	成活率/%

分球繁殖育苗生长观察记载表

花卉名称	栽植日期	收获日期	种植球根/个	收获球根/个	平均繁殖数/个

3. 任务考核与评价

分生繁殖考核评价表

姓名		指导教师			
班级		小组成员			
考核内容	赋分标准	分值	得分		
			教师评价（50%）	小组评价（30%）	个人评价（20%）
学习态度与职业素养（20分）	预习任务相关知识内容并查找相关资料	5			
	实训操作规范	3			
	态度端正、积极主动完成任务	3			
	善于沟通、合作学习、具有团队意识	4			
	独立完成作业和任务报告	5			
任务操作技能（40分）	挖取母株(球)	5			
	分割处理及修剪	10			
	苗床整理或起垄	5			
	开沟或挖定植穴	5			
	栽植技术	5			
	浇水及缓苗	10			
实训成果（20分）	分割后子株(球)生长情况	10			
	观察记录及任务报告	10			
岗位工作知识考核（20分）	分株繁殖注意事项	10			
	分球繁殖注意事项	10			
总计		100			
总评					

任务四 嫁接繁殖

1. 任务设计与实施

嫁接繁殖任务设计与实施表

任务	嫁接繁殖	实施地点	校内实训基地
教学方法	多媒体教学、现场教学	课时	6
教学内容	1. 木本花卉嫁接 (1)砧木的选择与处理 (2)接穗的选择与处理 (3)嫁接 (4)嫁接后管理 2. 仙人掌植物嫁接 (1)砧木的选择与处理 (2)接穗的选择与处理 (3)嫁接 (4)嫁接后管理		
教学目标	1. 根据不同花卉形态特征及特性，确定砧木和接穗的处理方法 2. 独立完成嫁接繁殖工作任务，并在课后观察记载嫁接苗生长的过程 3. 培养学生理实融合、逐步递进的实验探究能力及安全操作意识		
资源准备	电脑、投影仪、课件、参考书、视频、相关网址、相关教学素材		
预习设计	1. 嫁接成活的原理 2. 嫁接方法 3. 嫁接及嫁接后管理应注意的问题		
材料用具	供嫁接的花卉、修枝剪、芽接刀、切接刀、塑料条、磨石等		

续表

	教师活动	学生活动	教学策略设计
学程设计	1.检查学习任务预习情况，提出问题	1.学生课前准备、资料收集整理、回答问题	任务驱动 自主学习
	2.学生分组	2.推选组长	分组协作
	3.讲解花卉嫁接繁殖学习任务内容，强调各类嫁接方法的技术要求	3.在教师指导下学习嫁接繁殖相关知识	学习任务单
	4.指导小组交流，完成实施方案	4.小组讨论，确定实施方案	课堂研讨 合作学习
	5.教师示范演示操作、巡回指导、检查	5.独立完成接穗与砧木的切削及嵌合训练，小组共同完成嫁接繁殖任务	现场指导 独立操作
学习评价	1.理论知识测试 2.实施结果评价	1.回答问题 2.自行评价	多元评价
教学总结	1.教师根据学生的考核和操作情况，总结嫁接繁殖的方法、技术要求等，强调操作中应注意的问题；根据实施情况检查对操作过程予以评价。 2.学生思考、总结小组和个人在任务实施过程中的优缺点，对存在的问题进行分析，并及时解决，完成任务报告。		
作业布置	1.嫁接成活的原理是什么？ 2.嫁接繁殖的方法有哪些？ 3.仙人掌类植物嫁接后管理应注意事项是什么？		

2.操作与观察记录

嫁接繁殖育苗生长观察记载表

花卉名称	嫁接方法	成活日期	成活数/个	成活率/%	未成活原因

3. 任务考核与评价

嫁接繁殖考核评价表

<table>
<tr><td>姓名</td><td colspan="2"></td><td>指导教师</td><td colspan="3"></td></tr>
<tr><td>班级</td><td colspan="2"></td><td>小组成员</td><td colspan="3"></td></tr>
<tr><td rowspan="2">考核内容</td><td rowspan="2" colspan="2">赋分标准</td><td rowspan="2">分值</td><td colspan="3">得分</td></tr>
<tr><td>教师评价（50%）</td><td>小组评价（30%）</td><td>个人评价（20%）</td></tr>
<tr><td rowspan="5">学习态度与职业素养（20分）</td><td colspan="2">预习任务相关知识内容并查找相关资料</td><td>5</td><td></td><td></td><td></td></tr>
<tr><td colspan="2">实训操作规范</td><td>3</td><td></td><td></td><td></td></tr>
<tr><td colspan="2">态度端正、积极主动完成任务</td><td>3</td><td></td><td></td><td></td></tr>
<tr><td colspan="2">善于沟通、合作学习、具有团队意识</td><td>4</td><td></td><td></td><td></td></tr>
<tr><td colspan="2">独立完成作业和任务报告</td><td>5</td><td></td><td></td><td></td></tr>
<tr><td rowspan="5">任务操作技能（40分）</td><td colspan="2">砧木的选择与切削</td><td>10</td><td></td><td></td><td></td></tr>
<tr><td colspan="2">选穗与制穗（削芽）</td><td>10</td><td></td><td></td><td></td></tr>
<tr><td colspan="2">嫁接</td><td>10</td><td></td><td></td><td></td></tr>
<tr><td colspan="2">绑扎</td><td>5</td><td></td><td></td><td></td></tr>
<tr><td colspan="2">嫁接数量</td><td>5</td><td></td><td></td><td></td></tr>
<tr><td rowspan="2">实训成果（20分）</td><td colspan="2">嫁接成活情况</td><td>10</td><td></td><td></td><td></td></tr>
<tr><td colspan="2">观察记录及任务报告</td><td>10</td><td></td><td></td><td></td></tr>
<tr><td rowspan="2">岗位工作知识考核（20分）</td><td colspan="2">木本花卉嫁接繁殖注意事项</td><td>10</td><td></td><td></td><td></td></tr>
<tr><td colspan="2">仙人掌植物嫁接繁殖注意事项</td><td>10</td><td></td><td></td><td></td></tr>
<tr><td colspan="2"></td><td>总计</td><td>100</td><td></td><td></td><td></td></tr>
<tr><td colspan="2"></td><td>总评</td><td></td><td></td><td></td><td></td></tr>
</table>

任务五 压条繁殖

1.任务设计与实施

压条繁殖任务设计与实施表

任务	压条繁殖	实施地点	校内实训基地
教学方法	多媒体教学、现场教学	课时	4
教学内容	1.选择压条方法和枝条 2.枝条压条部位处理 3.压入土中(或外套容器) 4.生根后切割 5.另行栽植		
教学目标	1.根据花卉生长特点,选择压条方式,确定枝条的处理方法 2.完成压条繁殖工作任务,并在课后观察记载压条苗生长的过程 3.培养学生合作学习、沟通交流能力及分工协作、安全操作意识		
资源准备	电脑、投影仪、课件、参考书、相关网址、相关教学素材		
预习设计	1.枝条选择注意事项 2.促进压条生根的方法 3.压条的方法		
材料用具	供压条的花卉、修枝剪、芽接刀、切接刀、塑料袋、绑扎材料、培养土等		
学程设计	教师活动	学生活动	教学策略设计
	1.检查学习任务预习情况,提出问题	1.学生课前准备、资料整理、回答问题	任务驱动 自主学习
	2.学生分组	2.推选组长	分组协作
	3.讲解花卉压条繁殖学习任务内容,说明此方法的适用对象	3.在教师指导下学习压条繁殖相关知识	学习任务单
	4.指导小组交流,完成实施方案	4.小组讨论,确定实施方案	课堂研讨 合作学习
	5.教师示范演示操作、巡回指导、检查	5.独立完成枝条处理及搓泥条的训练内容,小组共同完成压条繁殖任务	现场指导 现场操作

续表

学习评价	1. 理论知识测试 2. 实施结果评价	1. 回答问题 2. 自行评价	多元评价
教学总结	1. 教师根据学生的交流情况，总结压条繁殖的方法、要求等，强调操作中应注意的问题；根据实施情况检查对操作过程予以评价。 2. 学生思考、总结小组和个人在任务实施过程中的优缺点，完成任务报告。		
作业布置	1. 压条繁殖的方法有哪些？ 2. 促进压条生根的方法有哪些？		

2. 操作与观察记录

压条繁殖育苗生长观察记载表

花卉名称	压条方法	成活日期	成活数/个	成活率/%	未成活原因

3. 任务考核与评价

压条繁殖考核评价表

姓名		指导教师			
班级		小组成员			
考核内容	赋分标准	分值	得分		
			教师评价（50%）	小组评价（30%）	个人评价（20%）
学习态度与职业素养（20分）	预习任务相关知识内容并查找相关资料	5			
	实训操作规范	3			
	态度端正、积极主动完成任务	3			
	善于沟通、合作学习、具有团队意识	4			
	独立完成作业和任务报告	5			
任务操作技能（40分）	枝条选择	5			
	刻伤与环剥	10			
	固定或搓泥条	10			
	包扎或壅土	10			
	保湿处理	5			
实训成果（20分）	压条苗定植后生长情况	10			
	观察记录及任务报告	10			
岗位工作知识考核（20分）	普通压条繁殖注意事项	10			
	高空压条繁殖注意事项	10			
总计		100			
总评					

任务六 整地做畦

1.任务设计与实施

整地做畦任务设计与实施表

任务	整地做畦	实施地点	校内实训基地
教学方法	多媒体教学、现场教学	课时	4
教学内容	1.整地 (1)土壤翻耕 (2)耙平 (3)施肥 2.做畦 (1)确定苗床规格 (2)平整畦面		
教学目标	1.根据地块,设计畦的规格 2.完成整地做畦工作任务,操作规范 3.培养学生合作学习、沟通交流能力和吃苦耐劳精神		
资源准备	电脑、投影仪、课件、参考书、相关教学素材		
预习设计	1.土壤翻耕的深度 2.做畦的要求 3.做畦的方法		
材料用具	锹、镐、耙、尺、农家肥等		

续表

	教师活动	学生活动	教学策略设计
学程设计	1.检查学习任务预习情况，提出问题	1.学生课前准备、资料整理、回答问题	任务驱动 自主学习
	2.学生分组	2.推选组长	分组协作
	3.讲解整地做畦学习任务内容，提出操作要求	3.在教师指导下学习整地做畦相关知识	学习任务单
	4.指导小组交流，完成实施方案	4.小组讨论，确定实施方案	课堂研讨 合作学习
	5.教师示范演示操作、巡回指导、检查	5.小组共同完成整地做畦任务	现场指导 现场操作
学习评价	1.理论知识测试 2.实施结果评价	1.回答问题 2.自行评价	多元评价
教学总结	1.教师根据学生的交流情况，总结整地做畦要求等，强调操作中应注意的问题；根据实施情况检查对操作过程予以评价。 2.学生思考、总结小组和个人在任务实施过程中的优缺点，完成任务报告。		
作业布置	1.土壤翻耕的深度如何确定? 2.做畦的要求是什么?		

2.操作与观察记录

苗床规格记载表

苗床序号	畦面			底沟		
	长/cm	宽/cm	高/cm	长/cm	宽/cm	深/cm

3.任务考核与评价

整地做畦考核评价表

姓名		指导教师			
班级		小组成员			
考核内容	赋分标准	分值	得分		
			教师评价（50%）	小组评价（30%）	个人评价（20%）
学习态度与职业素养（20分）	预习任务相关知识内容并查找相关资料	5			
	实训操作规范	3			
	态度端正、积极主动完成任务	3			
	善于沟通、合作学习、具有团队意识	4			
	独立完成作业和任务报告	5			
任务操作技能（40分）	土壤翻耕	5			
	施肥	5			
	做畦	10			
	平整畦面	10			
	修整对边	5			
	挖底沟	5			
实训成果（20分）	苗床规格标准	10			
	观察记录及任务报告	10			
岗位工作知识考核（20分）	整地的作用及要求	10			
	做畦的注意事项	10			
总计		100			
总评					

任务七 定 植

1.任务设计与实施

花卉定植任务设计与实施表

任务	花卉定植		实施地点	校内实训基地
教学方法	多媒体教学、现场教学		课时	4
教学内容	1.土壤准备 2.起苗 3.种植 4.浇水			
教学目标	1.根据花卉的种类确定栽植株行距及栽植深度 2.独立完成草花和木本花卉的定植工作任务,操作规范 3.培养学生合作学习、沟通交流、信息收集、计算能力及吃苦耐劳精神			
资源准备	电脑、投影仪、课件、相关教学素材			
预习设计	1.土壤翻耕的深度 2.起苗的方法与要求 3.花苗运输的方法 4.定植深度和株行距			
材料用具	铲、锹、耙、修枝剪、喷壶、水管、运输工具等			
学程设计	教师活动	学生活动	教学策略设计	
	1.检查学习任务预习情况,提出问题	1.学生课前准备、资料整理、回答问题	任务驱动 自主学习	
	2.学生分组	2.推选组长	分组协作	
	3.讲解花卉定植学习任务内容,提出学习和操作要求	3.在教师指导下学习定植相关知识	学习任务单	
	4.指导小组交流,完成实施方案	4.小组讨论,确定实施方案	课堂研讨 合作学习	
	5.教师示范演示操作、巡回指导、检查	5.小组共同完成定植任务	现场指导 现场操作	
学习评价	1.理论知识测试 2.实施结果评价	1.回答问题 2.自行评价	多元评价	
教学总结	1.教师根据学生的交流情况,总结土壤准备、起苗、定植要求及浇水要求等,强调操作中应注意的问题;根据实施情况检查对操作过程予以评价。 2.学生思考、总结小组和个人在任务实施过程中的优缺点,完成任务报告。			
作业布置	1.起苗的方法及要求是什么? 2.定植株行距如何确定?			

2. 操作与观察记录

花卉定植记载表

花卉种类	株行距		定植株数	成活数	成活率/%	未成活原因
	长/cm	宽/cm				

3. 任务考核与评价

花卉定植考核评价表

姓名		指导教师			
班级		小组成员			
考核内容	赋分标准	分值	得分		
			教师评价(50%)	小组评价(30%)	个人评价(20%)
学习态度与职业素养(20分)	预习任务相关知识内容并查找相关资料	5			
	实训操作规范	3			
	态度端正、积极主动完成任务	3			
	善于沟通、合作学习、具有团队意识	4			
	独立完成作业和任务报告	5			
任务操作技能(40分)	选地	5			
	土壤翻耕	5			
	起苗	10			
	运苗	5			
	栽植	10			
	浇水	5			
实训成果(20分)	定植后的生长情况	10			
	操作记录和任务报告	10			
岗位工作知识考核(20分)	起苗和定植注意事项	10			
	用苗量的计算	10			
总计		100			
总评					

任务八　上盆与换盆

1. 任务设计与实施

上盆与换盆任务设计与实施表

任务	上盆与换盆	实施地点	校内实训基地
教学方法	多媒体教学、现场教学	课时	4
教学内容	1. 上盆 (1)选盆及花盆处理 (2)培养土配制 (3)栽苗 (4)浇水 2. 换盆 (1)脱盆 (2)修剪根系 (3)选盆 (4)培养土配制 (5)上盆 (6)浇水		
教学目标	1. 根据花卉的种类和生长状态确定花盆的大小 2. 独立完成上盆和换盆工作任务，操作规范 3. 培养学生合作学习、沟通交流能力和爱岗敬业意识		
资源准备	电脑、投影仪、课件、相关教学素材		
预习设计	1. 新、旧花盆的处理方法 2. 垫土装盆的方法 3. 脱盆的方法与要求 4. 上盆的方法		
材料用具	花盆、铲、锹、修枝剪、喷壶、培养土等		

续表

	教师活动	学生活动	教学策略设计
学程设计	1.检查学习任务预习情况，提出问题	1.学生课前准备、资料整理、回答问题	任务驱动 自主学习
	2.学生分组	2.推选组长	分组协作
	3.讲解上盆与换盆学习任务内容，提出操作要求	3.在教师指导下学习上盆与换盆相关知识	学习任务单
	4.指导小组交流，完成实施方案	4.小组讨论，确定实施方案	课堂研讨 合作学习
	5.教师示范演示操作、巡回指导、检查	5.小组共同完成上盆与换盆任务	现场指导 现场操作
学习评价	1.理论知识测试 2.实施结果评价	1.回答问题 2.自行评价	多元评价
教学总结	1.教师根据学生的交流情况，总结上盆与换盆要求等，强调操作中应注意的问题；根据实施情况检查对操作过程予以评价。 2.学生思考、总结小组和个人在任务实施过程中的优缺点，完成任务报告。		
作业布置	1.如何选择花盆，花盆处理的方法是什么？ 2.上盆的流程是什么？换盆的目的是什么？ 3.盆花施肥要注意哪些方面的问题？ 4.盆花有哪些浇水方法？浇水时要掌握什么原则？		

2.操作与观察记录

上盆与换盆记载表

花卉种类	株数		成活数	成活率/%	未成活原因
	上盆	换盆			

3. 任务考核与评价

上盆与换盆考核评价表

姓名		指导教师			
班级		小组成员			
考核内容	赋分标准	分值	得分		
			教师评价（50%）	小组评价（30%）	个人评价（20%）
学习态度与职业素养（20分）	预习任务相关知识内容并查找相关资料	5			
	实训操作规范	3			
	态度端正、积极主动完成任务	3			
	善于沟通、合作学习、具有团队意识	4			
	独立完成作业和任务报告	5			
任务操作技能（40分）	花盆的准备与处理	5			
	根据所栽花卉选择花盆	5			
	垫盆孔	5			
	起苗或脱盆及根系修剪	10			
	装盆栽苗	10			
	浇水	5			
实训成果（20分）	上盆和换盆后生长情况	10			
	观察记录及任务报告	10			
岗位工作知识考核（20分）	上盆注意事项	10			
	浇水注意事项	10			
总计		100			
总评					

任务九 无土栽培

1. 任务设计与实施

花卉无土栽培任务设计与实施表

<table>
<tr><td>任务</td><td>花卉无土栽培</td><td>实施地点</td><td>校内实训基地</td></tr>
<tr><td>教学方法</td><td>多媒体教学、现场教学</td><td>课时</td><td>4</td></tr>
<tr><td>教学内容</td><td colspan="3">1. 无土栽培配方
2. 试剂的称量
3. 营养液配制</td></tr>
<tr><td>教学目标</td><td colspan="3">1. 根据花卉的种类确定营养液配方
2. 完成营养液配制和无土栽培工作任务，操作规范
3. 培养学生合作学习、沟通交流、信息收集与整理、计算能力</td></tr>
<tr><td>资源准备</td><td colspan="3">电脑、投影仪、课件、相关教学素材</td></tr>
<tr><td>预习设计</td><td colspan="3">1. 无土栽培方法
2. 花卉无土栽培的步骤
3. 无土栽培营养液配方
4. 配制营养液注意事项</td></tr>
<tr><td>材料用具</td><td colspan="3">试剂、天平、烧杯、玻璃棒、容量瓶、容器、栽培床等</td></tr>
<tr><td rowspan="6">学程设计</td><td>教师活动</td><td>学生活动</td><td>教学策略设计</td></tr>
<tr><td>1. 检查学习任务预习情况，提出问题</td><td>1. 学生课前准备、资料整理、回答问题</td><td>任务驱动
自主学习</td></tr>
<tr><td>2. 学生分组</td><td>2. 推选组长</td><td>分组协作</td></tr>
<tr><td>3. 无土栽培学习任务内容讲解，提出学习要求</td><td>3. 在教师指导下学习无土栽培相关知识</td><td>学习任务单</td></tr>
<tr><td>4. 指导小组交流，完成实施方案</td><td>4. 小组讨论，确定实施方案</td><td>课堂研讨
合作学习</td></tr>
<tr><td>5. 教师示范演示操作、巡回指导、检查</td><td>5. 小组共同完成无土栽培任务</td><td>现场指导
现场操作</td></tr>
<tr><td>学习评价</td><td>1. 理论知识测试
2. 实施结果评价</td><td>1. 回答问题
2. 自行评价</td><td>多元评价</td></tr>
<tr><td>教学总结</td><td colspan="3">1. 教师根据学生的交流情况，总结营养液配制和无土栽培要求等，强调操作中应注意的问题；根据实施情况检查对操作过程予以评价。
2. 学生思考、总结小组和个人在任务实施过程中的优缺点，完成任务报告。</td></tr>
<tr><td>作业布置</td><td colspan="3">1. 营养液配制的方法和原则是什么？
2. 花卉无土栽培的基质有哪些？</td></tr>
</table>

2. 操作与观察记录

无土栽培花卉生长情况调查表

序号	花卉名称	基质类型	调查日期	调查项目			
				株高/cm	地茎/cm	根系长/cm	鲜重/g

3. 任务考核与评价

无土栽培考核评价表

姓名		指导教师			
班级		小组成员			
考核内容	赋分标准	分值	得分		
			教师评价（50%）	小组评价（30%）	个人评价（20%）
学习态度与职业素养（20分）	预习任务相关知识内容并查找相关资料	5			
	实训操作规范	3			
	态度端正、积极主动完成任务	3			
	善于沟通、合作学习、具有团队意识	4			
	独立完成作业和任务报告	5			
任务操作技能（40分）	试剂的准备	5			
	试剂称量	5			
	营养液的配制	10			
	基质、苗床与容器准备	5			
	栽苗	10			
	固定根系	5			
实训成果（20分）	植株生长情况	10			
	操作观察记录及任务报告	10			
岗位工作知识考核（20分）	营养液配制与使用注意事项	10			
	无土栽培栽培注意事项	10			
总计		100			
总评					

任务十 常见花卉种子的识别及采收

1.任务设计与实施

常见花卉种子的识别及采收任务设计与实施表

任务	常见花卉种子的识别及采收	实施地点	校内实训基地
教学方法	现场教学	课时	4
教学内容	1.种子的识别 2.种子的采集 3.种子的处理 4.种子的贮藏		
教学目标	1.实地采集花卉种子,并予以处理 2.独立完成花卉种子的识别与采收工作任务,操作规范 3.培养学生合作学习、沟通交流能力、安全操作和环保意识		
资源准备	电脑、投影仪、课件、相关教学素材		
预习设计	1.花卉种子的类型 2.种子采集的方法和注意事项 3.种子采集后的处理方法 4.种子的贮藏方法		
材料用具	修枝剪、采集箱、布袋、纸袋等		
学程设计	教师活动	学生活动	教学策略设计
	1.检查学习任务预习情况,提出问题	1.学生课前准备、资料整理、回答问题	任务驱动 自主学习
	2.学生分组	2.推选组长	分组协作
	3.讲解花卉种子的识别与采收学习任务,提出操作要求	3.在教师指导下学习花卉种子的识别与采收相关知识	学习任务单
	4.指导小组交流,完成实施方案	4.小组讨论,确定实施方案	课堂研讨 合作学习
	5.教师示范演示操作、巡回指导、检查	5.独立完成种子采收,小组共同完成种子识别、特征描述与处理任务	现场指导 现场操作
学习评价	1.理论知识测试 2.实施结果评价	1.回答问题 2.自行评价	多元评价
教学总结	1.教师根据学生的交流情况,总结花卉种子的识别与采收要求等,强调操作中应注意的问题;根据实施情况检查对操作过程予以评价。 2.学生思考、总结小组和个人在任务实施过程中的优缺点,完成任务报告。		
作业布置	1.种子采收的主要事项有哪些? 2.花卉种子处理的方法是什么?		

2.操作与观察记录

花卉种子的识别及采收调查表

序号	花卉种类	采收时间	种子主要特征	处理方法	贮藏方法

3.任务考核与评价

花卉种子的识别及采收考核评价表

姓名		指导教师			
班级		小组成员			
考核内容	赋分标准	分值	得分		
			教师评价（50%）	小组评价（30%）	个人评价（20%）
学习态度与职业素养（20分）	预习任务相关知识内容并查找相关资料	5			
	实训操作规范	3			
	态度端正、积极主动完成任务	3			
	善于沟通、合作学习、具有团队意识	4			
	独立完成作业和任务报告	5			
任务操作技能（40分）	实地采集种子	10			
	对所采种子提出处理办法	5			
	种子的采后处理	10			
	种子特征的记载	10			
	种子贮藏方法选择	5			
实训成果（20分）	种子的采集数量和质量	10			
	操作记录及任务报告	10			
岗位工作知识考核（20分）	不同类型种子的采收方法	10			
	种子主要特征描述	10			
总计		100			
总评					

项目二　蔬菜生产

一、学习目标要求

1. 知识目标

表 2-1　蔬菜生产知识目标

知识层次	知识类别	知识范围	知识内容	要求程度
初级	基本知识	蔬菜生产操作技术规程、规范	国家及地方已颁布的蔬菜技术操作规程、规范	了解
		植物及植物生理基础知识	植物六大器官形态特征	掌握
			蔬菜的分类	掌握
			生长与发育的概念	理解
		土壤肥料知识	土壤的基本组成	了解
			土壤的基本性质	了解
			肥料的种类与使用	掌握
	专业知识	蔬菜繁殖知识	蔬菜种子的类型	掌握
			蔬菜种子播种前处理	掌握
		蔬菜栽培知识	本地区土壤的特点	了解
			营养土配制要点	掌握
			蔬菜栽培所需设备、设施	掌握
			蔬菜栽培主要工作内容	掌握
		采收及采后处理知识	蔬菜质量检测	掌握
			蔬菜采收	掌握
			蔬菜采后处理	掌握

续表 2-1

知识层次	知识类别	知识范围	知识内容	要求程度
中级	基本知识	植物及植物生理知识	蔬菜的生长习性	掌握
			蔬菜生长与环境的关系	掌握
		蔬菜育种知识	蔬菜育种基本知识	了解
		蔬菜病虫害防治知识	植物保护基本知识	掌握
			常见蔬菜病虫害的发生时期、危害部位及防治方法	掌握
			常见药剂的性能与使用	掌握
		土壤肥料知识	土壤的结构与肥力	理解
			营养土的特性	掌握
			常见肥料的性能与使用	了解
	专业知识	蔬菜繁殖知识	播种量的确定	了解
			种子与土壤的药剂处理	掌握
			容器育苗的特点	理解
			无性繁殖的原理与特点	了解
		环境调控知识	田间温度要求	掌握
			田间水分要求	掌握
			田间光照要求	理解
			土壤盐渍化处理	了解
		工具和仪器的使用知识	常用工具和仪器的使用方法	掌握
			农机具的操作规程	了解
高级	基本知识	植物生理知识	植物激素与生长调节剂的作用	理解
			蔬菜营养生长与生殖生长规律	掌握

续表 2-1

知识层次	知识类别	知识范围	知识内容	要求程度
高级	专业知识	蔬菜品种保存知识	遗传育种基础	理解
			防止蔬菜品种退化的措施	掌握
			蔬菜引种、驯化、繁育、检疫	了解
		蔬菜育苗知识	苗情诊断	掌握
			苗期常见病害的症状	掌握
		蔬菜栽培知识	常见缺素和营养过剩症	掌握
			蔬菜的周年生产与茬口安排	掌握
			耕作制度	掌握
		环境调控知识	蔬菜生长与环境的相关性	理解
			设施环境控制	掌握
		采后处理知识	农药残留和亚硝酸盐定性检测	了解
			分级标准	掌握

2. 技能目标

表 2-2 蔬菜生产操作技能目标

技能层次	技能类别	技能范围	技能内容	要求程度
初级	操作技能	常见蔬菜和病虫害识别技能	识别常见蔬菜种子	掌握
			蔬菜常见病害识别	掌握
		繁殖技能	育苗设施准备与消毒	了解
			种子处理与消毒	掌握
			培养土配制与消毒	掌握
			播种育苗	掌握

续表 2-2

技能层次	技能类别	技能范围	技能内容	要求程度
初级	操作技能	栽培技能	整地	掌握
			施肥	掌握
			露地苗床制作	掌握
			间苗与分苗	掌握
			移栽与定植	掌握
			浇水	掌握
			植株调整	掌握
		病虫害防治技能	本地发生的病虫害基本情况	了解
			常见药剂的配制与使用	掌握
		采后处理技能	蔬菜整理方法	掌握
			蔬菜清洗方法	掌握
			蔬菜分级方法	掌握
			蔬菜包装方法	掌握
	工具仪器设备使用维修	使用与维护技能	常用器具的使用与维修	掌握
			栽培工具的使用与保养	掌握
			温室维护基本知识	了解
			塑料大棚设置的基本方法	了解
	其他	安全生产技能	药剂使用安全防护	了解
			安全生产规程操作	掌握
中级	操作技能	蔬菜识别技能	识别常见蔬菜	掌握
		繁殖技能	容器育苗	掌握
			种子药剂处理	掌握
			根据蔬菜的生理特征确定配制营养土的材料及配方	了解
			确定播种期和播种量	了解

续表 2-2

技能层次	技能类别	技能范围	技能内容	要求程度
中级	操作技能	环境控制技能	温、湿度管理	掌握
			光照管理	掌握
			土壤盐渍化综合防治	了解
			有害气体种类的确定和防止方法	了解
		栽培技能	土壤翻耕适期和深度	掌握
			施肥量确定	掌握
			土壤质地鉴定与改良	掌握
			土壤 pH 测定	掌握
			灌溉设施的安装与使用	掌握
			堆肥	掌握
		采收与采后处理技能	蔬菜外观质量标准	掌握
			采收方法	掌握
			质量检测采样	掌握
			整理设备	了解
			清洗设备	了解
			分级设备	了解
			包装设备	了解
	工具设备使用维修	工具、仪器、设备使用维护技能	塑料大棚的安置与维护	掌握
			温室维护	掌握
			常用工具、设备一般故障排除	了解
	其他	安全生产技能	药剂使用安全防护	了解
			安全生产规程操作	掌握

续表 2-2

技能层次	技能类别	技能范围	技能内容	要求程度
高级	操作技能	病虫害防治技能	蔬菜病虫草害综合防治	掌握
			毒土的配制与使用	掌握
		技术管理技能	蔬菜生产计划制订	掌握
		蔬菜生产技能	制定技术操作规程	掌握
			处理栽培中出现的问题	掌握
	工具设备使用维修	工具、设备的使用与维护技能	塑料大棚安置与维护	掌握
			荫棚安置与维护	掌握
			熟练应用常用工具、仪器	掌握
	其他	安全生产技能	药剂使用安全防护	掌握
			安全生产规程操作	掌握

二、相关学习内容

1. 知识学习

表 2-3 相关知识学习内容

知识类别	相关内容	具体要求
基本知识	1. 植物及植物生理	1. 植物器官、组织及其功能 2. 植物生育规律 3. 温、光、水、肥、气等因子对植物生育的影响 4. 植物生长与调节
	2. 土壤与肥料	1. 土壤组成、分类及结构 2. 土壤肥力因素 3. 土壤 pH 的测定及调节 4. 常用肥料的性质及使用方法 5. 当地土壤的性质及改良方法 6. 植物营养知识及营养液配制、调节
	3. 植物保护	1. 病虫害防治基本知识 2. 当地主要蔬菜的常见病虫害 3. 病虫害防治的基本方法 4. 常用农药的剂型及使用方法
	4. 农业气象	1. 本地区气候基本特征 2. 二十四节气和物候

续表 2-3

知识类别	相关内容	具体要求
专业知识	1. 土壤的耕翻、整理及改良	1. 土壤耕翻、做畦技术 2. 培养土的成分及配制 3. 蔬菜对土壤的要求 4. 无土栽培营养液配制 5. 测土配方施肥技术
	2. 蔬菜分类与识别	1. 蔬菜的分类方法 2. 当地常见的蔬菜植物
	3. 蔬菜的繁育方法	1. 蔬菜的繁殖 2. 蔬菜育苗知识 3. 育种一般常识 4. 国内外引种的一般程序
	4. 蔬菜的栽培方法	1. 根菜类蔬菜 2. 叶菜类蔬菜 3. 茄果菜类蔬菜 4. 瓜类蔬菜
	5. 蔬菜采收及采后处理	1. 采收方法 2. 整理 3. 分级 4. 清洗 5. 包装 6. 质量检测
	6. 设施的选型及利用	1. 主要园艺设施在蔬菜栽培中的应用 2. 园艺常规生产设施的使用与维护 3. 设施内温度、湿度、光照等因子的控制
	7. 农业机械	1. 常见农业机械的使用 2. 常见农业机械的维护

续表 2-3

知识类别	相关内容	具体要求
相关知识	1.安全生产	1.安全使用农药知识 2.安全用电知识 3.安全使用农机具知识 4.安全使用肥料知识
	2.相关法规	1.农业法的相关知识 2.农业技术推广法的相关知识 3.种子法的相关知识 4.国家和行业蔬菜产地环境、产品质量标准,以及生产技术规程
	3.工作能力	1.具有一定的工作组织能力 2.建立田间档案 3.指导生产作业

2.技能学习

表 2-4 相关技能学习内容

技能层次	主要内容	具体要求
初级操作技能	1.设施的使用与维护	1.大棚、温室等设施的使用 2.大棚、温室等设施的维护
	2.栽培技术	1.土壤耕翻、整地做畦 2.培养土的配制与土壤的消毒 3.蔬菜育苗 4.浸种、催芽 5.苗期管理 6.定植 7.露地直播 8.肥水管理 9.植株调整 10.病虫害防治

续表 2-4

技能层次	主要内容	具体要求
初级操作技能	3.采收及采后处理	1.采收 2.清洁田园 3.质量检测 4.整理 5.清洗 6.分级 7.包装
中级操作技能	1.设施的选型、利用与维护	1.装配和维护一般园艺设施 2.调整园艺设施内环境因子
	2.栽培技术	1.种子的药剂处理 2.土壤的消毒 3.苗床的准备 4.苗期环境控制 5.追肥的种类、比例、时期、方法 6.浇水的方法、时间和浇水量 7.插架绑蔓(吊蔓)的时期和方法 8.摘心、打杈、摘除老叶和病叶的时期和方法 9.保花保果、疏花疏果的时期和方法 10.病虫草害防治使用的药剂和方法
	3.采收及采后处理	1.按蔬菜外观质量标准确定采收时期 2.采收方法 3.对植株残体、杂物进行无害化处理 4.产品外观质量标准 5.蔬菜质量检测采样 6.整理、清洗、分级、包装设备的准备
高级操作技能	1.栽培技术	1.根据秧苗长势调整管理措施 2.根据植株长势调控环境 3.肥水调控 4.病虫害综合防治
	2.采收及采后处理	1.定性检测蔬菜中的农药残留和亚硝酸盐 2.选定分级标准
	3.生产管理	1.制订、实施年度生产计划 2.制定技术操作规程

续表 2-4

技能层次	主要内容	具体要求
工具使用	工具使用和维修	1.生产机具和设备设施的使用及维护 2.工具的一般排故、维修和保养 3.农业机械的使用和保护
安全及其他	安全文明操作	1.严格执行国家有关产业政策 2.合理安全使用机具和电气设备 3.合理安全使用农药

三、任务学程设计

任务一　蔬菜种子播前处理

1. 任务设计与实施

蔬菜种子播前处理任务设计与实施表

任务	蔬菜种子播前处理	实施地点	校内实训基地
教学方法	多媒体教学、现场教学	课时	4
教学内容	1.防病防虫处理 (1)药剂拌种 (2)药液浸种 2.利用水温浸种消毒 (1)温水浸种消毒法 (2)热水烫种消毒法 3.催芽 (1)温度控制 (2)湿度控制 4.常见蔬菜种子浸种催芽的适宜温度和时间		
教学目标	1.根据蔬菜种子类型选择播前处理的方法 2.完成种子播前处理的工作任务,操作规范 3.培养学生合作学习、沟通交流和实验探究能力		
资源准备	电脑、投影仪、课件、相关教学素材		
预习设计	1.浸种处理的方法和要求 2.防病防虫处理的方法与要求 3.催芽的要求		

续表

<table>
<tr><td>材料用具</td><td colspan="3">蔬菜种子、消毒药剂、盆、培养皿、温度计、烧杯、滤纸、玻璃棒、恒温箱、电炉、镊子、小铲等</td></tr>
<tr><td rowspan="6">学程设计</td><td>教师活动</td><td>学生活动</td><td>教学策略设计</td></tr>
<tr><td>1.检查学习任务预习情况，提出问题</td><td>1.学生课前准备、资料整理、回答问题</td><td>任务驱动
自主学习</td></tr>
<tr><td>2.学生分组</td><td>2.推选组长</td><td>分组协作</td></tr>
<tr><td>3.讲解种子播前处理任务学习内容并讲解注意问题</td><td>3.在教师指导下学习种子播前处理相关知识</td><td>学习任务单</td></tr>
<tr><td>4.指导小组交流，完成实施方案</td><td>4.小组讨论，确定实施方案</td><td>课堂研讨
合作学习</td></tr>
<tr><td>5.教师示范演示操作、巡回指导、检查</td><td>5.小组共同完成种子播前处理任务</td><td>现场指导
现场操作</td></tr>
<tr><td>学习评价</td><td>1.理论知识测试
2.实施结果评价</td><td>1.回答问题
2.自行评价</td><td>多元评价</td></tr>
<tr><td>教学总结</td><td colspan="3">1.教师根据学生的交流情况，总结种子播前处理要求等，强调操作中应注意的问题；根据实施情况检查对操作过程予以评价。
2.学生思考、总结小组和个人在任务实施过程中的优缺点，对出现的问题予以分析和解决，并完成任务报告。</td></tr>
<tr><td>作业布置</td><td colspan="3">1.种子处理常用的消毒剂有哪些？
2.药剂拌种的方法是什么？
3.催芽的方法和要求是什么？</td></tr>
</table>

2.操作与观察记录

蔬菜种子浸种及催芽处理记载表

<table>
<tr><td rowspan="2">蔬菜种类</td><td rowspan="2">供试种子数</td><td colspan="2">种子处理</td><td colspan="2">催芽</td><td rowspan="2">发芽数</td><td rowspan="2">发芽率/%</td><td rowspan="2">发芽势</td><td rowspan="2">未发芽原因</td></tr>
<tr><td>方法</td><td>时间</td><td>温度</td><td>时间</td></tr>
<tr><td></td><td></td><td></td><td></td><td></td><td></td><td></td><td></td><td></td><td></td></tr>
<tr><td></td><td></td><td></td><td></td><td></td><td></td><td></td><td></td><td></td><td></td></tr>
<tr><td></td><td></td><td></td><td></td><td></td><td></td><td></td><td></td><td></td><td></td></tr>
<tr><td></td><td></td><td></td><td></td><td></td><td></td><td></td><td></td><td></td><td></td></tr>
</table>

3.任务考核与评价

蔬菜种子播前处理考核评价表

姓名		指导教师			
班级		小组成员			
考核内容	赋分标准	分值	得分		
			教师评价（50%）	小组评价（30%）	个人评价（20%）
学习态度与职业素养（20分）	预习任务相关知识内容并查找相关资料	5			
	实训操作规范	3			
	态度端正、积极主动完成任务	3			
	善于沟通、合作学习、具有团队意识	4			
	独立完成作业和任务报告	5			
任务操作技能（40分）	药剂拌种	10			
	药液浸种	10			
	温水浸种	5			
	热水烫种	5			
	催芽处理	10			
实训成果（20分）	处理时间和程度控制	10			
	观察记录和任务报告	10			
岗位工作知识考核（20分）	药剂拌种注意事项	10			
	催芽处理注意事项	10			
总计		100			
总评					

任务二 蔬菜育苗营养土的配制

1.任务设计与实施

蔬菜育苗营养土的配制任务设计与实施表

任务	蔬菜育苗营养土的配制	实施地点	校内实训基地
教学方法	现场教学	课时	6
教学内容	1.营养土的配制 (1)营养土充分 (2)配制 园田土、有机肥、疏松物的比例4～6份：3～5份：1～2份 2.营养土消毒 (1)日晒 (2)0.5%福尔马林溶液喷洒 3.铺营养土 播种苗床营养土厚度一般8～10 cm;塑料钵营养土高度以距钵口2 cm左右为宜;穴盘喷水使培养土潮润后装入		
教学目标	1.根据蔬菜的种类和数量确定育苗用培养土的成分配制比例和数量 2.分组完成蔬菜育苗培养土配制的工作任务,操作规范 3.培养学生合作学习、沟通交流、计算和实验探究能力		
资源准备	电脑、投影仪、课件、相关教学素材		
预习设计	1.蔬菜育苗常用的培养土 2.培养土的消毒 3.配制培养土的注意事项		
材料用具	园田土(未种过同科作物的土壤)、腐熟有机肥、疏松物(锯末、炉渣、草炭等)、化肥(尿素、过磷酸钙、硫酸钾等)、铁锹、小铲、消毒剂、杀菌剂、塑料薄膜等		

续表

	教师活动	学生活动	教学策略设计
学程设计	1.检查学习任务预习情况，提出问题	1.学生课前准备、资料整理、回答问题	任务驱动 自主学习
	2.学生分组	2.推选组长	分组协作
	3.讲解蔬菜育苗培养土配制任务学习内容单，并说明任务要求	3.在教师指导下学习蔬菜育苗培养土配制相关知识	学习任务单
	4.指导小组交流，完成实施方案	4.小组讨论，确定实施方案	课堂研讨 合作学习
	5.教师示范演示操作、巡回指导、检查	5.小组共同完成蔬菜育苗培养土配制任务	现场指导 现场操作
学习评价	1.理论知识测试 2.实施结果评价	1.回答问题 2.自行评价	多元评价
教学总结	1.教师根据学生的交流情况，总结蔬菜育苗培养土配制的方法与要求等，强调操作中应注意的问题；根据实施情况检查对操作过程予以评价。 2.学生思考、总结小组和个人在任务实施过程中的优缺点，分析出现的问题并提出解决办法，完成任务报告。		
作业布置	1.穴盘育苗用培养土配制的技术要点是什么？ 2.苗床育苗用培养土配制的技术要点是什么？		

2.操作与观察记录

蔬菜育苗培养土的配制观察记载表

蔬菜种类	培养土配方	消毒方法	铺设(填装)方法	用量

3.任务考核与评价

蔬菜育苗培养土的配制考核评价表

姓名		指导教师			
班级		小组成员			
考核内容	赋分标准	分值	得分		
			教师评价（50%）	小组评价（30%）	个人评价（20%）
学习态度与职业素养（20分）	预习任务相关知识内容并查找相关资料	5			
	实训操作规范	3			
	态度端正、积极主动完成任务	3			
	善于沟通、合作学习、具有团队意识	4			
	独立完成作业和任务报告	5			
任务操作技能（40分）	原材料准备	10			
	配制比例及量取	5			
	配制	10			
	消毒	10			
	铺设（填装）	5			
实训成果（20分）	配制质量和数量	10			
	观察记录和任务报告	10			
岗位工作知识考核（20分）	常用培养土消毒方法	10			
	铺床土注意事项	10			
总计		100			
总评					

任务三 蔬菜分苗技术

1.任务设计与实施

蔬菜分苗技术任务设计与实施表

任务	蔬菜分苗技术	实施地点	校内实训基地
教学方法	现场教学	课时	4
教学内容	1.苗床分苗 (1)不同种类蔬菜苗分苗时期确定 (2)起苗 (3)开沟 (4)浇水 (5)栽苗 2.营养钵分苗 (1)纸筒分苗 (2)塑料筒分苗 3.分苗后的管理 (1)倒苗 (2)炼苗		
教学目标	1.根据蔬菜的种类确定分苗的时期、次数和方法 2.独立完成分苗工作任务,操作规范 3.培养学生合作学习、沟通交流能力、爱岗敬业和安全操作意识		
资源准备	电脑、投影仪、课件、相关教学素材		
预习设计	1.不同种类蔬菜分苗的适宜时期 2.开沟的方法与要求 3.起苗的方法与要求 4.栽苗的株行间距		
材料用具	秧苗、小铲、移植铲、木板条、喷壶、培养土、容器等		

续表

	教师活动	学生活动	教学策略设计
学程设计	1.检查学习任务预习情况，提出问题	1.学生课前准备、资料整理、回答问题	任务驱动 自主学习
	2.学生分组	2.推选组长	分组协作
	3.讲解分苗任务学习内容，并说明相关要求	3.在教师指导下学习分苗相关知识	学习任务单
	4.指导小组交流，完成实施方案	4.小组讨论，确定实施方案	课堂研讨 合作学习
	5.教师示范演示操作、巡回指导、检查	5.小组共同完成分苗任务	现场指导 现场操作
学习评价	1.理论知识测试 2.实施结果评价	1.回答问题 2.自行评价	多元评价
教学总结	1.教师根据学生的交流情况，总结分苗要求等，强调操作中应注意的问题；根据实施情况检查对操作过程予以评价。 2.学生思考、总结小组和个人在任务实施过程中的优缺点，完成任务报告。		
作业布置	1.分苗的目的是什么？ 2.分苗应注意哪些问题？		

2.操作与观察记录

蔬菜分苗记载表

蔬菜种类	株数		成活数		成活率/%	未成活原因
	苗床分苗	营养钵分苗	苗床	营养钵		

3.任务考核与评价

蔬菜分苗技术考核评价表

姓名		指导教师			
班级		小组成员			
考核内容	赋分标准	分值	得分		
			教师评价（50%）	小组评价（30%）	个人评价（20%）
学习态度与职业素养（20分）	预习任务相关知识内容并查找相关资料	5			
	实训操作规范	3			
	态度端正、积极主动完成任务	3			
	善于沟通、合作学习、具有团队意识	4			
	独立完成作业和任务报告	5			
任务操作技能（40分）	确定分苗时期和密度	5			
	起苗	5			
	苗床分苗面积计算与操作	10			
	营养钵分苗	10			
	浇水	5			
	遮阴	5			
实训成果（20分）	分苗数及分苗后的生长情况	10			
	操作记录与任务报告	10			
岗位工作知识考核(20分)	苗床分苗注意事项	10			
	营养钵分苗注意事项	10			
总计		100			
总评					

任务四 地膜覆盖技术

1. 任务设计与实施

地膜覆盖技术任务设计与实施表

任务	地膜覆盖技术	实施地点	校内实训基地
教学方法	现场教学	课时	4
教学内容	1. 地膜识别 2. 清除土壤杂物 3. 施肥 4. 整地做畦(起垄) 5. 播种 6. 覆盖地膜		
教学目标	1. 识别各种类型的地膜 2. 分组完成平畦地膜覆盖工作任务，学会整地做畦、起垄的方法，能正确进行地膜覆盖操作，熟练掌握施基肥、播种、定植技术，操作规范 3. 培养学生合作学习、沟通交流能力，自主探索和相互协作意识		
资源准备	电脑、投影仪、课件、相关教学素材		
预习设计	1. 地膜覆盖的概念与作用 2. 地膜覆盖与蔬菜生长发育的关系 3. 地膜覆盖的方法和方式 4. 各种地膜的性能和用途		
材料用具	秧苗、地膜、有机肥、除草剂、锄头、锹、小铲、水壶、耙子等		

续表

	教师活动	学生活动	教学策略设计
学程设计	1.检查学习任务预习情况，提出问题	1.学生课前准备、资料整理、回答问题	任务驱动 自主学习
	2.学生分组	2.推选组长	分组协作
	3.讲解地膜覆盖技术任务学习相关内容和要求	3.在教师指导下学习地膜覆盖技术相关知识	学习任务单
	4.指导小组交流，完成实施方案	4.小组讨论，确定实施方案	课堂研讨 合作学习
	5.教师示范演示操作、巡回指导、检查	5.小组共同完成地膜覆盖任务	现场指导 现场操作
学习评价	1.理论知识测试 2.实施结果评价	1.回答问题 2.自行评价	多元评价
教学总结	1.教师根据学生的交流情况，总结地膜覆盖技术的要求等，强调操作中应注意的问题；根据实施情况检查对操作过程予以评价。 2.学生思考、总结小组和个人在任务实施过程中的优缺点，完成任务报告。		
作业布置	1.地膜的种类和性能有哪些？ 2.地膜覆盖的目的是什么？		

2.操作与观察记录

地膜覆盖技术记载表

蔬菜名称	播种日期	地膜类型	未覆膜地块播后发芽日期	覆膜地块播后发芽日期

3.任务考核与评价

地膜覆盖技术考核评价表

<table>
<tr><td>姓名</td><td></td><td>指导教师</td><td colspan="3"></td></tr>
<tr><td>班级</td><td></td><td>小组成员</td><td colspan="3"></td></tr>
<tr><td rowspan="2">考核内容</td><td rowspan="2">赋分标准</td><td rowspan="2">分值</td><td colspan="3">得分</td></tr>
<tr><td>教师评价（50%）</td><td>小组评价（30%）</td><td>个人评价（20%）</td></tr>
<tr><td rowspan="5">学习态度与职业素养（20分）</td><td>预习任务相关知识内容并查找相关资料</td><td>5</td><td></td><td></td><td></td></tr>
<tr><td>实训操作规范</td><td>3</td><td></td><td></td><td></td></tr>
<tr><td>态度端正、积极主动完成任务</td><td>3</td><td></td><td></td><td></td></tr>
<tr><td>善于沟通、合作学习、具有团队意识</td><td>4</td><td></td><td></td><td></td></tr>
<tr><td>独立完成作业和任务报告</td><td>5</td><td></td><td></td><td></td></tr>
<tr><td rowspan="5">任务操作技能（40分）</td><td>地膜的选择</td><td>5</td><td></td><td></td><td></td></tr>
<tr><td>整地施肥</td><td>5</td><td></td><td></td><td></td></tr>
<tr><td>做畦(起垄)</td><td>10</td><td></td><td></td><td></td></tr>
<tr><td>播种</td><td>10</td><td></td><td></td><td></td></tr>
<tr><td>覆膜</td><td>10</td><td></td><td></td><td></td></tr>
<tr><td rowspan="2">实训成果（20分）</td><td>发芽及生长情况</td><td>10</td><td></td><td></td><td></td></tr>
<tr><td>观察记录和任务报告</td><td>10</td><td></td><td></td><td></td></tr>
<tr><td rowspan="2">岗位工作知识考核(20分)</td><td>地膜的种类和性能</td><td>10</td><td></td><td></td><td></td></tr>
<tr><td>覆膜注意事项</td><td>10</td><td></td><td></td><td></td></tr>
<tr><td colspan="2">总计</td><td>100</td><td></td><td></td><td></td></tr>
<tr><td colspan="2">总评</td><td colspan="4"></td></tr>
</table>

任务五　电热温床制作

1. 任务设计与实施

电热温床制作任务设计与实施表

任务	电热温床制作	实施地点	校内实训基地
教学方法	现场教学	课时	4
教学内容	1. 做苗床 2. 铺隔热层 3. 布线 (1)选定功率密度 (2)计算布线间距 (3)布线方法 4. 覆床土 5. 接控温仪		
教学目标	1. 根据不同蔬菜种类对温度的要求确定布线距离 2. 分组完成电热温床制作的工作任务，操作规范 3. 培养学生合作学习、沟通交流、实验探究、计算能力及安全操作意识		
资源准备	电脑、投影仪、课件、相关教学素材		
预习设计	1. 电热温床的作用 2. 电热温床的结构 3. 电热温床的铺设方法 4. 床土覆盖要求		
材料用具	电热线、插头、控温仪、交流接触器、锹、木棍等		

续表

	教师活动	学生活动	教学策略设计
学程设计	1.检查学习任务预习情况，提出问题	1.学生课前准备、资料整理、回答问题	任务驱动 自主学习
	2.学生分组	2.推选组长	分组协作
	3.讲解电热温床制作任务学习相关内容和注意问题	3.在教师指导下学习电热温床制作相关知识	学习任务单
	4.指导小组交流，完成实施方案	4.小组讨论，确定实施方案	课堂研讨 合作学习
	5.教师示范演示操作、巡回指导、检查	5.小组共同完成电热温床制作任务	现场指导 现场操作
学习评价	1.理论知识测试 2.实施结果评价	1.回答问题 2.自行评价	多元评价
教学总结	1.教师根据学生的交流情况，总结电热温床制作要求等，强调应注意的问题；根据实施情况检查对操作过程予以评价。 2.学生思考、总结小组和个人在任务实施过程中的优缺点，完成任务报告。		
作业布置	1.如何制作准备铺设电热线的苗床？ 2.电热温床的功率密度如何选定？ 3.写出电热温床面积、布线行数、布线距离的计算公式。 4.现有一根长100 m，额定功率为800 W的电热线，欲铺设一电热温床，用作早春温室内育黄瓜苗。请简述其设置过程，并绘出连接控温仪的布线图。 5.电热温床使用注意事项是什么？		

2.操作与观察记录

电热温床制作操作记载表

苗床长/cm	苗床宽/cm	隔热层厚度/cm	电热线间距/cm	电热线米数/cm	备注

3.任务考核与评价

电热温床制作考核评价表

姓名		指导教师			
班级		小组成员			
考核内容	赋分标准	分值	得分		
			教师评价（50%）	小组评价（30%）	个人评价（20%）
学习态度与职业素养（20分）	预习任务相关知识内容并查找相关资料	5			
	实训操作规范	3			
	态度端正、积极主动完成任务	3			
	善于沟通、合作学习、具有团队意识	4			
	独立完成作业和任务报告	5			
任务操作技能（40分）	隔热层的铺设	10			
	电热线的准备	5			
	布线间距的确定	5			
	布线与覆土	10			
	接控温仪及安全检查	10			
实训成果（20分）	铺设情况	10			
	操作记录和任务报告	10			
岗位工作知识考核（20分）	隔热层铺设注意事项	10			
	电热线铺设注意事项	10			
总计		100			
总评					

任务六 棚室环境调控

1. 任务设计与实施

棚室环境控制任务设计与实施表

任务	棚室环境控制	实施地点	校内实训基地
教学方法	现场教学	课时	4
教学内容	1. 温度测定与调节 (1)增温及保温措施 (2)降温措施 2. 湿度测定与调节 (1)地膜覆盖 (2)膜下浇水 (3)滴灌 (4)排水 3. 光照测定与调节 (1)增光 (2)遮光		
教学目标	1. 根据不同蔬菜种类及特性调节棚室环境 2. 分组按时完成棚室环境控制的工作任务，操作规范 3. 培养学生合作学习、沟通交流和实验探究能力		
资源准备	电脑、投影仪、课件、相关教学素材		
预习设计	1. 增温和降温措施 2. 土壤湿度和空气湿度控制措施 3. 光照调节措施 4. 其他管理措施		
材料用具	温度计、湿度计、遮阳网、喷壶、保温材料、塑料薄膜等		

续表

	教师活动	学生活动	教学策略设计
学程设计	1.检查学习任务预习情况，提出问题	1.学生课前准备、资料整理、回答问题	任务驱动 自主学习
	2.学生分组	2.推选组长	分组协作
	3.讲解棚室环境控制学习任务内容	3.在教师指导下学习棚室环境控制相关知识	学习任务单
	4.指导小组交流，完成实施方案	4.小组讨论，确定实施方案	课堂研讨 合作学习
	5.教师示范演示操作、巡回指导、检查	5.小组共同完成棚室环境控制任务	现场指导 现场操作
学习评价	1.理论知识测试 2.实施结果评价	1.回答问题 2.自行评价	多元评价
教学总结	1.教师根据学生的交流情况，总结棚室环境控制要求等，强调应注意的问题；根据实施情况检查对操作过程予以评价。 2.学生思考、总结小组和个人在任务实施过程中的优缺点，完成任务报告。		
作业布置	1.棚室温度调节方法是什么？ 2.棚室湿度调节方法是什么？ 3.棚室光照调节方法是什么？		

2.操作与观察记录

棚室环境控制观察记载表

棚号	观察日期	调控时间	温度/℃		湿度/%	
			调节前	调节后	调节前	调节后

3.任务考核与评价

棚室环境控制考核评价表

姓名		指导教师			
班级		小组成员			
考核内容	赋分标准	分值	得分		
			教师评价（50%）	小组评价（30%）	个人评价（20%）
学习态度与职业素养（20分）	预习任务相关知识内容并查找相关资料	5			
	实训操作规范	3			
	态度端正、积极主动完成任务	3			
	善于沟通、合作学习、具有团队意识	4			
	独立完成作业和任务报告	5			
任务操作技能（40分）	棚室温度调节	10			
	棚室湿度调节	10			
	棚室光照调节	10			
	棚室气体调节	10			
实训成果（20分）	棚室温、湿度变化	10			
	观察记录和任务报告	10			
岗位工作知识考核（20分）	温度调节注意事项	10			
	湿度调节注意事项	10			
总计		100			
总评					

任务七 蔬菜追肥技术

1. 任务设计与实施

蔬菜追肥技术任务设计与实施表

任务	蔬菜追肥技术	实施地点	校内实训基地
教学方法	现场教学	课时	4
教学内容	1. 追肥方法 (1)土壤追肥:撒施、沟施、穴施、随水施等 (2)叶面喷肥 (3)气体施肥 2. 追肥的基本原则 (1)根据蔬菜种类追肥 (2)根据生长发育时期追肥 (3)根据土壤条件追肥 (4)根据气候条件追肥 (5)根据肥料特性追肥 (6)根据植株缺素症状追肥		
教学目标	1. 根据蔬菜种类和生长发育时期、土壤条件、气候条件、肥料特性和植株缺素情况追肥 2. 分组完成蔬菜追肥工作任务,操作规范 3. 培养学生合作学习、沟通交流和实验探究能力		
资源准备	电脑、投影仪、课件、相关教学素材		
预习设计	1. 蔬菜的追肥方法 2. 追肥的原则 3. 追肥注意事项		
材料用具	蔬菜秧苗、锹、铲、天平、水桶、常用肥料等		

续表

	教师活动	学生活动	教学策略设计
学程设计	1.检查学习任务预习情况，提出问题	1.学生课前准备、资料整理、回答问题	任务驱动 自主学习
	2.学生分组	2.推选组长	分组协作
	3.讲解蔬菜追肥技术学习任务和要求	3.在教师指导下学习蔬菜追肥技术相关知识	学习任务单
	4.指导小组交流,完成实施方案	4.小组讨论,确定实施方案	课堂研讨 合作学习
	5.教师示范演示操作、巡回指导、检查	5.小组共同完成蔬菜追肥技术任务	现场指导 现场操作
学习评价	1.理论知识测试 2.实施结果评价	1.回答问题 2.自行评价	多元评价
教学总结	1.教师根据学生的交流情况,总结蔬菜追肥技术要求等,强调应注意的问题;根据实施情况检查对操作过程予以评价。 2.学生思考、总结小组和个人在任务实施过程中的优缺点,完成任务报告。		
作业布置	1.追肥原则是什么? 2.追肥方法是什么?		

2.操作与观察记录

蔬菜追肥技术记载表

蔬菜名称	追肥日期	肥料种类	肥料浓度	肥料用量/(kg/hm^2)	追肥方法

3. 任务考核与评价

蔬菜追肥技术考核评价表

姓名		指导教师			
班级		小组成员			
考核内容	赋分标准	分值	得分		
			教师评价（50%）	小组评价（30%）	个人评价（20%）
学习态度与职业素养（20分）	预习任务相关知识内容并查找相关资料	5			
	实训操作规范	3			
	态度端正、积极主动完成任务	3			
	善于沟通、合作学习、具有团队意识	4			
	独立完成作业和任务报告	5			
任务操作技能（40分）	肥料的准备	5			
	用量计算	10			
	肥料配制	10			
	肥料施用	15			
实训成果（20分）	用量准确	10			
	操作记录和任务报告	10			
岗位工作知识考核(20分)	追肥的原则	10			
	肥料施用注意事项	10			
总计		100			
总评					

任务八 植株调整技术

1. 任务设计与实施

植株调整技术任务设计与实施表

<table>
<tr><td>任务</td><td>植株调整技术</td><td>实施地点</td><td>校内实训基地</td></tr>
<tr><td>教学方法</td><td>现场教学</td><td>课时</td><td>4</td></tr>
<tr><td>教学内容</td><td colspan="3">1. 蔬菜植株调整的作用
2. 植株调整的作用方法
(1)支架
(2)整枝、打杈、摘心
(3)吊蔓、落蔓、压蔓、绑蔓
(4)摘叶、束叶</td></tr>
<tr><td>教学目标</td><td colspan="3">1. 根据不同蔬菜种类确定植株调整的方法
2. 分组完成蔬菜植株调整的工作任务，操作规范
3. 培养学生合作学习、沟通交流和实验探究能力</td></tr>
<tr><td>资源准备</td><td colspan="3">电脑、投影仪、课件、相关教学素材</td></tr>
<tr><td>预习设计</td><td colspan="3">1. 蔬菜植株调整的作用
2. 蔬菜植株调整的方法</td></tr>
<tr><td>材料用具</td><td colspan="3">蔬菜植株、木棍或竹竿、细绳或塑料绳、剪刀等</td></tr>
<tr><td rowspan="6">学程设计</td><td>教师活动</td><td>学生活动</td><td>教学策略设计</td></tr>
<tr><td>1. 检查学习任务预习情况，提出问题</td><td>1. 学生课前准备、资料整理、回答问题</td><td>任务驱动
自主学习</td></tr>
<tr><td>2. 学生分组</td><td>2. 推选组长</td><td>分组协作</td></tr>
<tr><td>3. 讲解蔬菜植株调整技术学习任务内容及方法</td><td>3. 在教师指导下学习蔬菜植株调整技术相关知识</td><td>学习任务单</td></tr>
<tr><td>4. 指导小组交流，完成实施方案</td><td>4. 小组讨论，确定实施方案</td><td>课堂研讨
合作学习</td></tr>
<tr><td>5. 教师示范演示操作、巡回指导、检查</td><td>5. 小组共同完成蔬菜植株调整技术任务</td><td>现场指导
现场操作</td></tr>
</table>

续表

学习评价	1.理论知识测试 2.实施结果评价	1.回答问题 2.自行评价	多元评价
教学总结	1.教师根据学生的交流情况，总结蔬菜植株调整技术要求等，强调应注意的问题；根据实施情况检查对操作过程予以评价。 2.学生思考、总结小组和个人在任务实施过程中的优缺点，完成任务报告。		
作业布置	1.蔬菜的植株调整有哪些作用？ 2.摘心、打杈、回缩、疏删主要应用于哪些蔬菜？ 3.摘去老、病、黄叶在什么时期进行？ 4.压蔓的作用是什么？ 5.束叶的作用是什么？		

2.操作与观察记录

蔬菜植株调整技术观察记载表

蔬菜种类	植株调整时间							
	支架	整枝	打杈	摘心	压蔓	绑蔓	落蔓	吊蔓

3. 任务考核与评价

蔬菜植株调整技术考核评价表

姓名		指导教师			
班级		小组成员			
考核内容	赋分标准	分值	得分		
			教师评价（50%）	小组评价（30%）	个人评价（20%）
学习态度与职业素养（20分）	预习任务相关知识内容并查找相关资料	5			
	实训操作规范	3			
	态度端正、积极主动完成任务	3			
	善于沟通、合作学习、具有团队意识	4			
	独立完成作业和任务报告	5			
任务操作技能（40分）	支架	10			
	整枝	5			
	打杈	5			
	绑蔓	10			
	吊蔓	10			
实训成果（20分）	调整方法及生长情况	10			
	操作记录和任务报告	10			
岗位工作知识考核（20分）	整枝注意事项	10			
	绑蔓注意事项	10			
总计		100			
总评					

任务九　蔬菜的采收及采后处理

1.任务设计与实施

蔬菜的采收及采后处理任务设计与实施表

任务	蔬菜的采收及采后处理	实施地点	校内实训基地
教学方法	现场教学	课时	4
教学内容	1.不同蔬菜采收成熟度的确定 2.蔬菜的采收标准 3.蔬菜的采收方法 4.蔬菜的采后处理方法		
教学目标	1.根据不同蔬菜种类确定采收的时期和采收的方法 2.分组完成蔬菜采收及采后处理的工作任务,操作规范 3.培养学生合作学习、沟通交流和实验探究能力		
资源准备	电脑、投影仪、课件、相关教学素材		
预习设计	1.不同蔬菜采收成熟度的确定 2.不同蔬菜的采收方法 3.不同蔬菜的采收方式 4.蔬菜的采收标准 5.蔬菜的采后处理方法		
材料用具	蔬菜植株、刀、剪子、锹、塑料袋、编织袋、包装袋等		
学程设计	教师活动	学生活动	教学策略设计
	1.检查学习任务预习情况,提出问题	1.学生课前准备、资料整理、回答问题	任务驱动 自主学习
	2.学生分组	2.推选组长	学习任务单
	3.讲解蔬菜的采收及采后处理学习任务及要求	3.在教师指导下学习蔬菜的采收及采后处理相关知识	
	4.指导小组交流,完成实施方案	4.小组讨论,确定实施方案	合作学习
	5.教师示范演示操作、巡回指导、检查	5.小组共同完成蔬菜的采收及采后处理任务	现场指导

续表

学习评价	1.理论知识测试 2.实施结果评价	1.回答问题 2.自行评价	多元评价
教学总结	1.教师根据学生的交流情况，总结蔬菜的采收及采后处理要求等，强调应注意的问题；根据实施情况检查对操作过程予以评价。 2.学生思考、总结小组和个人在任务实施过程中的优缺点，完成任务报告。		
作业布置	1.蔬菜的采收标准是什么？ 2.蔬菜的采后处理方法有哪些？		

2.操作与观察记录

蔬菜的采收及采后处理记载表

蔬菜种类	采收成熟度			采收方式		处理方法		
	商品	技术	生理	一次性	多次性	整理	分级	包装

3.任务考核与评价

蔬菜的采收及采后处理考核评价表

姓名		指导教师			
班级		小组成员			
考核内容	赋分标准	分值	得分		
			教师评价（50%）	小组评价（30%）	个人评价（20%）
学习态度与职业素养（20分）	预习任务相关知识内容并查找相关资料	5			
	实训操作规范	3			
	态度端正、积极主动完成任务	3			
	善于沟通、合作学习、具有团队意识	4			
	独立完成作业和任务报告	5			
任务操作技能（40分）	成熟度的判断	5			
	采收时期	5			
	采收方法	10			
	采后整理	10			
	分级与包装	10			
实训成果（20分）	采收及采后处理质量	10			
	操作记录和任务报告	10			
岗位工作知识考核（20分）	不同蔬菜采收时期的确定	10			
	蔬菜采收标准	10			
总计		100			
总评					

任务十 黄瓜嫁接育苗技术

1. 任务设计与实施

黄瓜嫁接育苗技术任务设计与实施表

任务	黄瓜嫁接育苗技术	实施地点	校内实训基地
教学方法	现场教学	课时	4
教学内容	1. 黄瓜嫁接育苗的作用 2. 黄瓜嫁接育苗的方法 (1)播种育苗 (2)嫁接 插接、靠接、劈接 3. 黄瓜嫁接后的管理技术 (1)除萌蘖 (2)断根 (3)去嫁接夹 (4)温、湿度控制		
教学目标	1. 学会黄瓜嫁接的方法和嫁接苗的管理技术 2. 分组完成黄瓜嫁接的工作任务,操作规范 3. 培养学生合作学习、沟通交流和实验探究能力,安全操作意识		
资源准备	电脑、投影仪、课件、相关教学素材		
预习设计	1. 播种时期的确定 2. 黄瓜嫁接的方法 3. 嫁接后管理		
材料用具	黑籽南瓜种子、黄瓜种子、刀片、竹签、操作台、嫁接夹等		

续表

	教师活动	学生活动	教学策略设计
学程设计	1. 检查学习任务预习情况，提出问题	1. 学生课前准备、资料整理、回答问题	任务驱动 自主学习
	2. 学生分组	2. 推选组长	分组协作
	3. 讲解黄瓜嫁接技术学习任务内容，说明技术要点及要求	3. 在教师指导下学习黄瓜嫁接技术相关知识	学习任务单
	4. 指导小组交流，完成实施方案	4. 小组讨论，确定实施方案	课堂研讨 合作学习
	5. 教师示范演示操作、巡回指导、检查	5. 小组共同完成黄瓜嫁接技术任务	现场指导 现场操作
学习评价	1. 理论知识测试 2. 实施结果评价	1. 回答问题 2. 自行评价	多元评价
教学总结	1. 教师根据学生的交流情况，总结黄瓜嫁接技术要求等，强调应注意的问题；根据实施情况检查对操作过程予以评价。 2. 学生思考、总结小组和个人在任务实施过程中的优缺点，完成任务报告。		
作业布置	1. 黄瓜嫁接有什么作用？ 2. 黄瓜嫁接的方法是什么？ 3. 嫁接后的管理方法是什么？		

2. 操作与观察记录

黄瓜嫁接技术观察记载表

黄瓜播种日期	南瓜播种日期	嫁接日期	嫁接方法	嫁接株数	成活株数	成活率/%	未成活原因

3.任务考核与评价

黄瓜嫁接考核评价表

<table>
<tr><td>姓名</td><td></td><td>指导教师</td><td colspan="3"></td></tr>
<tr><td>班级</td><td></td><td>小组成员</td><td colspan="3"></td></tr>
<tr><td rowspan="2">考核内容</td><td rowspan="2">赋分标准</td><td rowspan="2">分值</td><td colspan="3">得分</td></tr>
<tr><td>教师评价
(50%)</td><td>小组评价
(30%)</td><td>个人评价
(20%)</td></tr>
<tr><td rowspan="5">学习态度与职业素养
(20分)</td><td>预习任务相关知识内容并查找相关资料</td><td>5</td><td></td><td></td><td></td></tr>
<tr><td>实训操作规范</td><td>3</td><td></td><td></td><td></td></tr>
<tr><td>态度端正、积极主动完成任务</td><td>3</td><td></td><td></td><td></td></tr>
<tr><td>善于沟通、合作学习、具有团队意识</td><td>4</td><td></td><td></td><td></td></tr>
<tr><td>独立完成作业和任务报告</td><td>5</td><td></td><td></td><td></td></tr>
<tr><td rowspan="4">任务操作技能
(40分)</td><td>播种时期的确定及播种</td><td>5</td><td></td><td></td><td></td></tr>
<tr><td>嫁接时期的确定</td><td>5</td><td></td><td></td><td></td></tr>
<tr><td>嫁接</td><td>15</td><td></td><td></td><td></td></tr>
<tr><td>嫁接后管理</td><td>15</td><td></td><td></td><td></td></tr>
<tr><td rowspan="2">实训成果
(20分)</td><td>嫁接数量和成活率</td><td>10</td><td></td><td></td><td></td></tr>
<tr><td>观察记录和任务报告</td><td>10</td><td></td><td></td><td></td></tr>
<tr><td rowspan="2">岗位工作知识考核(20分)</td><td>嫁接注意事项</td><td>10</td><td></td><td></td><td></td></tr>
<tr><td>管理注意事项</td><td>10</td><td></td><td></td><td></td></tr>
<tr><td colspan="2">总计</td><td>100</td><td></td><td></td><td></td></tr>
<tr><td colspan="2">总评</td><td colspan="4"></td></tr>
</table>

项目三　农作物生产

一、学习目标要求

1. 知识目标

表 3-1　农作物生产知识目标

知识层次	知识类别	知识范围	知识内容	要求程度
初级	基本知识	植物与植物生理知识	单子叶植物与双子叶植物根、茎、叶、花、果的构造	掌握
			植物细胞构造	掌握
			植物对水、肥的吸收及运输	理解
			植物的光合作用	理解
			植物的呼吸与农产品贮藏关系	了解
		土壤肥料知识	土壤的组成	掌握
			土壤肥力因素	理解
			高产田的建设与培肥	了解
			低产田的土壤改良	了解
			土壤耕作与施肥	掌握
			几种常用化肥的性质、使用方法	掌握
			水土保持	了解
		农业气象知识	作物生产的气象条件	了解
			常见的农业气象灾害	了解
		植物保护知识	作物病害的概念	掌握
			作物病害的症状表现	了解
			常用农药的使用、安全及保存	掌握
			农作物的主要病虫鼠害及杂草的识别	掌握

续表 3-1

知识层次	知识类别	知识范围	知识内容	要求程度
初级	专业知识	作物生产知识	作物的概念及分类	掌握
			当地几种主要作物的形态特征、各个生育的划分及对外界条件要求及产量构成	掌握
			当地农时节气与作物播种、移栽的关系	理解
			合理密植,中耕除草与水肥管理	掌握
			主要作物适时收割	掌握
			主要作物种子的特性及保存	了解
			常用农机具的使用	了解
中级	基本知识	植物与植物生理知识	种子和幼苗	掌握
			植物的组织	掌握
			植物的水分生理	理解
			植物必需的矿质营养	掌握
			植物生产的光照条件	掌握
			植物生产的温度条件	掌握
		土壤肥料知识	土壤与作物的生长	掌握
			土壤培肥与改良	掌握
			肥料的合理施用	掌握
		农业气象知识	地区的地理条件	了解
			农业气候资源的利用	了解
		植物保护知识	遗传与变异的概念及遗传三大规律	理解
			育种系统的基本方法,良种提纯复壮,防止混杂退化及杂种优势利用	理解
			种子鉴别与检验	掌握
			作物病害的病原微生物	掌握
			昆虫的主要习性	掌握
			植物检疫	了解
			当地几种作物主要病虫害及杂草发生与防治	掌握

续表 3-1

知识层次	知识类别	知识范围	知识内容	要求程度
中级	专业知识	农业技术推广法与农业法	农业技术推广法与农业法对指导农业生产重要作用	了解
			农业技术推广法应遵循的原则	掌握
			国家关于农作物生产的政策	了解
		作物生产知识	当地几种主要作物的形态特征、生物学特征、各个生育期的划分以及对外界条件的要求	掌握
			主要作物产量的构成及产量的形成过程	掌握
			主要作物播种、栽插时间、合理密植、生育期及长势长相	掌握
			作物的布局与种植制度	掌握
			不同作物的生育特性	掌握
			主要作物栽培管理的关键技术	掌握
			作物收获、脱粒、晒干、贮藏	掌握
高级	基本知识	植物及植物生理知识	植物的呼吸作用	理解
			植物的生长与发育	理解
		土壤肥料知识	土壤性质对土壤肥力的影响	掌握
			高产、稳产土壤的培育	掌握
			低产田的改良	掌握
			作植物的营养	掌握
			肥料使用量的确定	掌握
			配方施肥的原则	掌握
		气象知识	农田小气候	了解
		作物遗传育种知识	遗传、变异和选择	掌握
			遗传的物质基础	理解
			作物育种:引种,系统育种,杂交育种,杂交优势的利用	掌握
			品种混杂退化的原因及其防治	掌握
			品种提纯及保持种性	理解
			种子标准化与种子检验及安全贮藏	掌握
			当地农作物主要病虫害的发生规律及防治	掌握
			化学除草剂的使用	了解
		耕作制度	农业生态系统与耕作制度的关系	理解
			套种、间作、轮作方式的应用	掌握
			用地与养地	掌握

续表 3-1

知识层次	知识类别	知识范围	知识内容	要求程度
高级	专业知识	农业技术推广法与农业法	农业技术推广应遵循的原则	掌握
			农村和城市郊区的土地所有权、使用权和转让权	了解
			国家对作物的生产政策	掌握
		作物生产知识	当地几种主要作物在国民经济中的重要作用	掌握
			作物形态特征及产量的构成	理解
			生物学特性及其在生产上的应用	了解
			主要作物各个生育期的划分与对外界条件要求	掌握
			几种主要作物的播种、移栽	掌握
			苗情诊断,看苗进行水肥管理及中耕除草、整枝打叶、防虫治病	掌握
			收割、脱粒、晒干、入库保存	掌握

2.技能目标

表 3-2 农作物生产操作技能目标

技能层次	技能类别	技能范围	技能内容	要求程度
初级	操作技能	生产准备	使用耙、锄、铲等农机具碎土、松土	掌握
			使用锄、铲或犁开沟、做畦	掌握
			使用锄、铲维修渠道、田埂、晒场	了解
		田间管理	当地主要作物播种、栽培作业	掌握
			田间水肥、中耕除草等管理	掌握
			田间病虫害防治	了解
		收获管理	适时收割	掌握
			晒种	掌握
			贮存	掌握
	农机具使用与维护技能	农机具使用与维护	正确使用维修锄、铲、耙等农具	掌握
			小型农机具的使用、维护与保养	了解
	其他	安全操作技能	药剂使用安全防护	了解
			安全生产规程操作	掌握

续表 3-2

技能层次	技能类别	技能范围	技能内容	要求程度
中级	操作技能	翻地、平地	翻地或结合翻沤绿肥	掌握
			平整田块、做畦	掌握
		播种、栽插及田间管理	适时播种、栽插	掌握
			用种量、育苗面积计算	掌握
			作物长势长相分析	掌握
			施肥、灌溉、中耕松土、整枝打叶、除草	掌握
			病虫害防治	掌握
		积肥	堆肥	掌握
			绿肥种植	掌握
	农机具使用与维护技能	农机具使用	使用当地牲畜及农机具机械田间作业	掌握
			当地小型农机具的使用	掌握
		农机具保养	农机具保养	掌握
	其他	安全操作技能	药剂使用安全防护	了解
			安全生产规程操作	掌握
高级	操作技能	耕地与整地	翻地、碎土、平整田地、开沟、做畦	掌握
			施肥、堆沤绿肥	掌握
		生产安排	制订生产计划和布局	掌握
			购置生产工具	掌握
			种子、肥料、农药等农资准备	掌握
		播种、移栽、田间试验、田间管理	繁殖良种、防杂保纯	掌握
			田间试验	掌握
			适时播种、移栽、合理密植	掌握
			判断苗情	掌握
			施肥、排灌、中耕、整枝、除草、病虫害防治	掌握
	农机具使用与维护技能	农机具使用	当地农具和农机具的正确使用	掌握
		农机具维护	农机具保养	了解
			抽水机的维护	了解
	安全及其他	应对农业生产的复杂性	灵活安排作物生产	掌握
			及时发现和消除滥用农药、化肥带来的不安全因素	掌握
			灾后自救和恢复生产	了解
		安全操作技能	药剂使用安全防护	掌握
			安全生产规程操作	掌握

二、相关学习内容

1.知识学习

表 3-3 相关知识学习内容

知识类别	相关内容	具体要求
专业知识	1.播前准备	1.土壤耕作常识 2.肥料施用常识 3.灌溉知识 4.农药基本知识 5.肥料基本知识 6.种子基本知识 7.除草剂使用知识 8.轮作倒茬 9.种子质量检测
	2.育苗	1.育苗设施相关知识 2.消毒剂使用方法 3.苗床制作方法 4.培养基质知识 5.种子发芽常识 6.种子处理知识 7.幼苗管理常识 8.苗情诊断知识
	3.播种	1.除草剂使用知识 2.土壤结构一般知识 3.农田排灌水相关知识 4.播种方式和方法 5.移栽常识

续表 3-3

<table>
<tr><th>知识类别</th><th>相关内容</th><th>具体要求</th></tr>
<tr><td rowspan="3">专业知识</td><td>4.田间管理</td><td>1.土壤耕作知识
2.土壤追肥、叶面喷肥、浇水的方法
3.间苗、定苗知识
4.整枝方法
5.化学调控知识
6.农药配制与使用常识
7.药械保管与维护常识
8.常见病虫害防治
9.作物营养知识</td></tr>
<tr><td>5.收获管理</td><td>1.作物成熟标准
2.收获方法
3.田间清理知识
4.整理、包装方法
5.贮藏方法
6.植病虫鼠防治方法
7.测定产量知识
8.农产品质量与安全知识</td></tr>
<tr><td>6.作物栽培基础知识</td><td>1.作物生长的基础条件
2.作物栽培的基础知识</td></tr>
<tr><td rowspan="3">相关知识</td><td>1.安全知识</td><td>1.安全使用农药知识
2.安全用电知识</td></tr>
<tr><td>2.相关法规</td><td>1.农业法
2.产品质量法
3.经济合同法等相关的法律法规</td></tr>
<tr><td>3.工作能力</td><td>1.具有一定的工作组织能力
2.建立田间档案
3.指导生产作业</td></tr>
</table>

2.技能学习

表3-4 相关技能学习内容

技能层次	主要内容	具体要求
初级操作技能	1.播前准备技能	1.土壤准备、耕翻、施肥、灌水 2.农资准备
	2.育苗技能	1.育苗设施准备与消毒 2.基质的准备与消毒 3.苗床制作 4.直播或催芽播种 5.幼苗管理 6.苗期病虫害识别 7.判断幼苗长势长相 8.育苗环境调控
	3.播种技能	1.整地 2.开沟、起垄、做畦 3.铺设节水设备 4.播种与覆土 5.移栽 6.除草剂的使用
	4.田间管理技能	1.耕作管理 2.肥水管理 3.植株管理 4.病虫草害防治
	5.收获管理技能	1.收获 2.整理 3.包装 4.贮藏 5.测产

续表 3-4

技能层次	主要内容	具体要求
中级操作技能	1.播前准备技能	1.根据作物种类确定肥料的种类和数量 2.根据土壤墒情灌溉 3.选配、使用农药和除草剂 4.种子质量检测
	2.育苗技能	1.苗床修整 2.设施维护 3.培育壮苗
	3.播种技能	1.排灌布局安排 2.计算播种量 3.确定移栽方案 4.检查移栽质量
	4.田间管理技能	1.土壤墒情确定 2.制定间苗、定苗方案 3.制定整枝方案 4.确定生长调节剂的使用时期、种类、剂量
	5.收获管理技能	1.确定采收时间 2.检查采收质量 3.制定秸秆还田方案 4.制定产品贮藏方案
高级操作技能	1.育苗技能	1.识别苗期常见病虫害 2.判断幼苗长势长相 3.苗期生长环境调控
	2.田间管理技能	1.识别主要作物常见营养缺乏和营养过剩症状 2.鉴别常用肥料质量 3.实施节水灌溉
	3.收获管理技能	1.收获前对产量进行测定 2.确定仓储方案 3.检测采样
	4.技术指导技能	1.制订生产计划 2.生产技术操作示范

三、任务学程设计

任务一 作物种植制度调查

1. 任务设计与实施

作物种植制度调查任务设计与实施表

<table>
<tr><td>任务</td><td>作物种植制度调查</td><td>实施地点</td><td>校内外实训基地</td></tr>
<tr><td>教学方法</td><td>现场教学</td><td>课时</td><td>4</td></tr>
<tr><td>教学内容</td><td colspan="3">1. 作物布局调查
2. 单作、间作、套作、连作、轮作、复种等种植方式调查
3. 自然条件调查
4. 生产条件调查
5. 技术管理和生产水平调查</td></tr>
<tr><td>教学目标</td><td colspan="3">1. 掌握种植制度的调查内容及方法，加深对耕作制度是农业生产重要指标的理解
2. 分组完成作物种植制度调查的工作任务，操作规范
3. 培养学生合作学习、沟通交流和实验探究能力</td></tr>
<tr><td>资源准备</td><td colspan="3">电脑、投影仪、课件、相关教学素材</td></tr>
<tr><td>预习设计</td><td colspan="3">1. 作物的分类
2. 作物布局包含的内容
3. 作物种植方式</td></tr>
<tr><td>材料用具</td><td colspan="3">田块、作物、记录本等</td></tr>
<tr><td rowspan="6">学程设计</td><td>教师活动</td><td>学生活动</td><td>教学策略设计</td></tr>
<tr><td>1. 检查学习任务预习情况，提出问题</td><td>1. 学生课前准备、资料整理、回答问题</td><td>任务驱动
自主学习</td></tr>
<tr><td>2. 学生分组</td><td>2. 推选组长</td><td>分组协作</td></tr>
<tr><td>3. 出示作物种植制度调查学习任务单并进行讲解</td><td>3. 在教师指导下学习作物种植制度调查相关知识</td><td>学习任务单</td></tr>
<tr><td>4. 指导小组交流，完成实施方案</td><td>4. 小组讨论，确定实施方案</td><td>课堂讨论
合作学习</td></tr>
<tr><td>5. 教师现场指导、检查</td><td>5. 小组共同完成作物种植制度调查任务</td><td>现场指导
现场操作</td></tr>
</table>

续表

学习评价	1.理论知识测试 2.实施结果评价	1.回答问题 2.自行评价	多元评价
教学总结	1.教师根据学生的交流情况，总结作物种植制度调查要求等，强调应注意的问题；根据实施情况检查对操作过程予以评价。 2.学生思考、总结小组和个人在任务实施过程中的优缺点，完成任务报告。		
作业布置	1.什么是作物的布局？其原则是什么？ 2.种植方式有哪些？ 3.技术管理及生产水平包括哪些内容？		

2.操作与观察记录

种植制度调查表

作物种类	种植方式							
	单作	间作	套作	复种	轮作	连作	休闲	其他

3.任务考核与评价

种植制度调查考核评价表

<table>
<tr><td>姓名</td><td></td><td>指导教师</td><td colspan="3"></td></tr>
<tr><td>班级</td><td></td><td>小组成员</td><td colspan="3"></td></tr>
<tr><td rowspan="2">考核内容</td><td rowspan="2">赋分标准</td><td rowspan="2">分值</td><td colspan="3">得分</td></tr>
<tr><td>教师评价（50%）</td><td>小组评价（30%）</td><td>个人评价（20%）</td></tr>
<tr><td rowspan="5">学习态度与职业素养（20分）</td><td>预习任务相关知识内容并查找相关资料</td><td>5</td><td></td><td></td><td></td></tr>
<tr><td>实训操作规范</td><td>3</td><td></td><td></td><td></td></tr>
<tr><td>态度端正、积极主动完成任务</td><td>3</td><td></td><td></td><td></td></tr>
<tr><td>善于沟通、合作学习、具有团队意识</td><td>4</td><td></td><td></td><td></td></tr>
<tr><td>独立完成作业和任务报告</td><td>5</td><td></td><td></td><td></td></tr>
<tr><td rowspan="4">任务操作技能（40分）</td><td>蔬菜生产单位种植制度调查</td><td>10</td><td></td><td></td><td></td></tr>
<tr><td>蔬菜生产农户种植制度调查</td><td>10</td><td></td><td></td><td></td></tr>
<tr><td>农作物生产单位种植制度调查</td><td>10</td><td></td><td></td><td></td></tr>
<tr><td>农作物生产农户种植制度调查</td><td>10</td><td></td><td></td><td></td></tr>
<tr><td rowspan="2">实训成果（20分）</td><td>制定调查方案</td><td>10</td><td></td><td></td><td></td></tr>
<tr><td>实地调查记录和任务报告</td><td>10</td><td></td><td></td><td></td></tr>
<tr><td rowspan="2">岗位工作知识考核（20分）</td><td>种植方式</td><td>10</td><td></td><td></td><td></td></tr>
<tr><td>种植制度包括的内容</td><td>10</td><td></td><td></td><td></td></tr>
<tr><td colspan="2">总计</td><td>100</td><td></td><td></td><td></td></tr>
<tr><td colspan="2">总评</td><td colspan="4"></td></tr>
</table>

任务二 作物种子质量检测

1.任务设计与实施

作物种子质量检测任务设计与实施表

任务	作物种子质量检测	实施地点	校内、外实训基地
教学方法	现场教学	课时	4
教学内容	1.净度 2.发芽势和发芽率 3.千粒重 4.种子生活力		
教学目标	1.掌握种子净度、发芽势、发芽率、千粒重、生活力的测定方法，在进行生产时能根据质量检验结果正确计算出播种量 2.独立完成作物种子质量检测的工作任务，操作规范 3.培养学生合作学习、沟通交流和实验探究能力		
资源准备	电脑、投影仪、课件、相关教学素材		
预习设计	1.种子检测包括的内容 2.种子检测的方法 3.净度、发芽率、生活力等的计算		
材料用具	种子、分样器、恒温箱、烘箱、天平、称量台、分样板、种子筛、培养皿、刀片、镊子、放大镜、TTC染液、5%的红墨水、滤纸等		
学程设计	教师活动	学生活动	教学策略设计
	1.检查学习任务预习情况，提出问题	1.学生课前准备、资料整理、回答问题	任务驱动 自主学习
	2.学生分组	2.推选组长	小组协作
	3.出示作物种子质量检测学习任务单并进行讲解	3.在教师指导下学习作物种子质量检测相关知识	学习任务单
	4.指导小组交流，完成实施方案	4.小组讨论，确定实施方案	课堂研讨 合作学习
	5.教师示范演示操作、巡回指导、检查	5.小组共同完成作物种子质量检测任务	现场指导 现场操作
学习评价	1.理论知识测试 2.实施结果评价	1.回答问题 2.自行评价	多元评价
教学总结	1.教师根据学生的交流情况，总结作物种子质量检测要求等，强调应注意的问题；根据实施情况检查对操作过程予以评价。 2.学生思考、总结小组和个人在任务实施过程中的优缺点，完成任务报告。		
作业布置	1.填写种子检验结果记载表。 2.填写种子质量检验报告。		

2. 观察记录

种子质量检验结果记载表

<table>
<tr><td>送检单位</td><td colspan="3"></td><td colspan="2">产地</td><td colspan="6"></td></tr>
<tr><td>作物名称</td><td colspan="3"></td><td colspan="2" rowspan="2">送检样品重/g</td><td colspan="6" rowspan="2"></td></tr>
<tr><td>品种名称</td><td colspan="3"></td></tr>
<tr><td rowspan="6">净度分析</td><td>类别</td><td>重复</td><td>试样重/g</td><td colspan="2">净种子/g</td><td colspan="2">其他植物种子/g</td><td colspan="2">杂质/g</td><td colspan="2">各成分重量之和/g</td></tr>
<tr><td>增湿差/%</td><td colspan="10"></td></tr>
<tr><td>其他植物种子种类</td><td colspan="4"></td><td colspan="2">杂质种类</td><td colspan="4"></td></tr>
<tr><td rowspan="3">净度结果分析计算</td><td colspan="2">净种子/%</td><td colspan="8"></td></tr>
<tr><td colspan="2">其他植物种子/%</td><td colspan="8"></td></tr>
<tr><td colspan="2">杂质/%</td><td colspan="8"></td></tr>
<tr><td rowspan="4">千粒重测定</td><td>重复</td><td colspan="2"></td><td colspan="4"></td><td colspan="4"></td></tr>
<tr><td>重量</td><td colspan="2"></td><td colspan="4"></td><td colspan="4"></td></tr>
<tr><td>误差/%</td><td colspan="10"></td></tr>
<tr><td>结果计算</td><td colspan="10"></td></tr>
<tr><td rowspan="5">种子生活力测定</td><td colspan="2">重复</td><td colspan="2">Ⅰ</td><td colspan="2">Ⅱ</td><td colspan="2">Ⅲ</td><td colspan="2">Ⅳ</td><td>Ⅴ</td></tr>
<tr><td colspan="2">检测粒数</td><td colspan="2"></td><td colspan="2"></td><td colspan="2"></td><td colspan="2"></td><td></td></tr>
<tr><td colspan="2">有生活力种子数</td><td colspan="2"></td><td colspan="2"></td><td colspan="2"></td><td colspan="2"></td><td></td></tr>
<tr><td colspan="2">种子生活力/%</td><td colspan="2"></td><td colspan="2"></td><td colspan="2"></td><td colspan="2"></td><td></td></tr>
<tr><td colspan="2">平均种子生活力/%</td><td colspan="2"></td><td colspan="2"></td><td colspan="2"></td><td colspan="2"></td><td></td></tr>
</table>

种子质量检验结果报告单

<table>
<tr><td>送检单位</td><td colspan="2"></td><td>产地</td><td colspan="3"></td></tr>
<tr><td>作物名称</td><td colspan="2"></td><td>品种名称</td><td colspan="3"></td></tr>
<tr><td>送检样品重/g</td><td colspan="2"></td><td colspan="2"></td><td></td><td></td></tr>
<tr><td rowspan="2">净度分析</td><td>净种子</td><td></td><td>其他植物种子</td><td></td><td>杂质</td><td></td></tr>
<tr><td>其他植物种子种类</td><td colspan="2"></td><td>杂质种类</td><td></td><td></td></tr>
<tr><td>千粒重测定</td><td colspan="6"></td></tr>
<tr><td>种子生活力测定</td><td colspan="6"></td></tr>
</table>

3.任务考核与评价

作物种子质量检测考核评价表

<table>
<tr><td>姓名</td><td></td><td>指导教师</td><td colspan="3"></td></tr>
<tr><td>班级</td><td></td><td>小组成员</td><td colspan="3"></td></tr>
<tr><td rowspan="2">考核内容</td><td rowspan="2">赋分标准</td><td rowspan="2">分值</td><td colspan="3">得分</td></tr>
<tr><td>教师评价
(50%)</td><td>小组评价
(30%)</td><td>个人评价
(20%)</td></tr>
<tr><td rowspan="5">学习态度与职业素养
(20分)</td><td>预习任务相关知识内容并查找相关资料</td><td>5</td><td></td><td></td><td></td></tr>
<tr><td>实训操作规范</td><td>3</td><td></td><td></td><td></td></tr>
<tr><td>态度端正、积极主动完成任务</td><td>3</td><td></td><td></td><td></td></tr>
<tr><td>善于沟通、合作学习、具有团队意识</td><td>4</td><td></td><td></td><td></td></tr>
<tr><td>独立完成作业和任务报告</td><td>5</td><td></td><td></td><td></td></tr>
<tr><td rowspan="5">任务操作技能
(40分)</td><td>分样</td><td>10</td><td></td><td></td><td></td></tr>
<tr><td>种子净度检测</td><td>5</td><td></td><td></td><td></td></tr>
<tr><td>种子发芽率、发芽势检测</td><td>10</td><td></td><td></td><td></td></tr>
<tr><td>千粒重</td><td>5</td><td></td><td></td><td></td></tr>
<tr><td>种子生活力检测</td><td>10</td><td></td><td></td><td></td></tr>
<tr><td rowspan="2">实训成果
(20分)</td><td>“四分法”分样</td><td>10</td><td></td><td></td><td></td></tr>
<tr><td>种子检验结果和质量检验报告单</td><td>10</td><td></td><td></td><td></td></tr>
<tr><td rowspan="2">岗位工作知识考核(20分)</td><td>好种子的标准</td><td>10</td><td></td><td></td><td></td></tr>
<tr><td>种子生活力的判断</td><td>10</td><td></td><td></td><td></td></tr>
<tr><td colspan="2">总计</td><td>100</td><td></td><td></td><td></td></tr>
<tr><td colspan="2">总评</td><td colspan="4"></td></tr>
</table>

任务三 水稻田间长势长相诊断

1.任务设计与实施

水稻田间长势长相诊断任务设计与实施表

任务	水稻田间长势长相诊断	实施地点	校内、外实训基地
教学方法	现场教学	课时	4
教学内容	1.苗期长势长相 (1)健壮苗:高度、叶色、根系 (2)徒长苗:高度、叶色、根系 (3)瘦弱苗:高度、叶色、根系 2.分蘖期长势长相 (1)健壮苗:叶色、出叶和分蘖 (2)徒长苗:叶色、出叶和分蘖 (3)瘦弱苗:叶色、出叶和分蘖 3.幼穗分化期长势长相 (1)健壮苗:叶色、抽穗、粒重 (2)徒长苗:叶色、抽穗、粒重 (3)瘦弱苗:叶色、抽穗、粒重		
教学目标	1.掌握水稻栽培中看苗诊断技术,掌握判断苗情好坏的标准,学会调控水稻的叶色和长势长相 2.分组完成水稻田间长势长相诊断的工作任务,操作规范 3.培养学生合作学习、沟通交流和实验探究能力		
资源准备	电脑、投影仪、课件、相关教学素材		
预习设计	1.作物长势长相的概念 2.长相长势判断的内容及标准 3.长势长相在不同生育阶段的变化		
材料用具	田块、作物、天平、记录本等		

续表

	教师活动	学生活动	教学策略设计
学程设计	1.检查学习任务预习情况，提出问题	1.学生课前准备、资料整理、回答问题	任务驱动 自主学习
	2.学生分组	2.推选组长	分组协作
	3.出示水稻田间长势长相诊断学习任务单并进行讲解	3.在教师指导下学习水稻田间长势长相诊断相关知识	学习任务单
	4.指导小组交流，完成实施方案	4.小组讨论，确定实施方案	课堂研讨 合作学习
	5.教师现场巡回指导、检查	5.小组共同完成水稻田间长势长相诊断任务	现场指导 现场操作
学习评价	1.理论知识测试 2.实施结果评价	1.回答问题 2.自行评价	多元评价
教学总结	1.教师根据学生的交流情况，总结水稻田间长势长相诊断的要求等，强调应注意的问题；根据实施情况检查对操作过程予以评价。 2.学生思考、总结小组和个人在任务实施过程中的优缺点，完成任务报告。		
作业布置	1.长相和长势指的是什么？ 2.如何调控水稻的长势和长相？ 3.不同苗情产生的原因是什么？		

2.操作与观察记录

水稻田间长势长相诊断调查表

长相 长势	苗期			分蘖期			幼穗分化期		
	苗高	叶色	根系	叶色	分蘖早晚	分蘖数	叶色	成熟早晚	粒重
健壮苗									
徒长苗									
瘦弱苗									

3. 任务考核与评价

水稻田间长势长相诊断考核评价表

<table>
<tr><td>姓名</td><td></td><td>指导教师</td><td colspan="3"></td></tr>
<tr><td>班级</td><td></td><td>小组成员</td><td colspan="3"></td></tr>
<tr><td rowspan="2">考核内容</td><td rowspan="2">赋分标准</td><td rowspan="2">分值</td><td colspan="3">得分</td></tr>
<tr><td>教师评价
（50%）</td><td>小组评价
（30%）</td><td>个人评价
（20%）</td></tr>
<tr><td rowspan="5">学习态度与
职业素养
（20 分）</td><td>预习任务相关知识内容并查找相关资料</td><td>5</td><td></td><td></td><td></td></tr>
<tr><td>实训操作规范</td><td>3</td><td></td><td></td><td></td></tr>
<tr><td>态度端正、积极主动完成任务</td><td>3</td><td></td><td></td><td></td></tr>
<tr><td>善于沟通、合作学习、具有团队意识</td><td>4</td><td></td><td></td><td></td></tr>
<tr><td>独立完成作业和任务报告</td><td>5</td><td></td><td></td><td></td></tr>
<tr><td rowspan="4">任务操作技能
（40 分）</td><td>苗期长势长相诊断</td><td>10</td><td></td><td></td><td></td></tr>
<tr><td>分蘖期长势长相诊断</td><td>10</td><td></td><td></td><td></td></tr>
<tr><td>幼穗分化期长势长相诊断</td><td>10</td><td></td><td></td><td></td></tr>
<tr><td>叶色诊断</td><td>10</td><td></td><td></td><td></td></tr>
<tr><td rowspan="2">实训成果
（20 分）</td><td>分析产生不同类型苗情的原因和产量结果</td><td>10</td><td></td><td></td><td></td></tr>
<tr><td>观察记录和任务报告</td><td>10</td><td></td><td></td><td></td></tr>
<tr><td rowspan="2">岗位工作知识
考核（20 分）</td><td>长势长相标准</td><td>10</td><td></td><td></td><td></td></tr>
<tr><td>长势长相调控的方法</td><td>10</td><td></td><td></td><td></td></tr>
<tr><td colspan="2">总计</td><td>100</td><td></td><td></td><td></td></tr>
<tr><td colspan="2">总评</td><td colspan="4"></td></tr>
</table>

任务四　大豆种植技术

1.任务设计与实施

大豆种植技术任务设计与实施表

<table>
<tr><td>任务</td><td>大豆种植技术</td><td>实施地点</td><td>校内、外实训基地</td></tr>
<tr><td>教学方法</td><td>现场教学</td><td>课时</td><td>4</td></tr>
<tr><td>教学内容</td><td colspan="3">1.整地
2.施肥
3.播种
4.中耕除草
5.病虫害防治</td></tr>
<tr><td>教学目标</td><td colspan="3">1.掌握大豆种植技术
2.分组完成大豆种植技术的工作任务,操作规范
3.培养学生合作学习、沟通交流能力和安全操作意识</td></tr>
<tr><td>资源准备</td><td colspan="3">电脑、投影仪、课件、相关教学素材</td></tr>
<tr><td>预习设计</td><td colspan="3">1.大豆品种
2.大豆对土壤的要求
3.大豆的生长发育特点</td></tr>
<tr><td>材料用具</td><td colspan="3">大豆种子、肥料、农具等</td></tr>
<tr><td rowspan="6">学程设计</td><td>教师活动</td><td>学生活动</td><td>教学策略设计</td></tr>
<tr><td>1.检查学习任务预习情况,提出问题</td><td>1.学生课前准备、资料整理、回答问题</td><td>任务驱动
自主学习</td></tr>
<tr><td>2.学生分组</td><td>2.推选组长</td><td>小组协作</td></tr>
<tr><td>3.出示大豆种植技术学习任务单并进行讲解</td><td>3.在教师指导下学习大豆种植技术相关知识</td><td>学习任务单</td></tr>
<tr><td>4.指导小组交流,完成实施方案</td><td>4.小组讨论,确定实施方案</td><td>课堂研讨
合作学习</td></tr>
<tr><td>5.教师示范演示操作、巡回指导、检查</td><td>5.小组共同完成大豆种植技术任务</td><td>现场指导
现场操作</td></tr>
<tr><td>学习评价</td><td>1.理论知识测试
2.实施结果评价</td><td>1.回答问题
2.自行评价</td><td>多元评价</td></tr>
<tr><td>教学总结</td><td colspan="3">1.教师根据学生的交流情况,总结大豆种植技术要求等,强调应注意的问题;根据实施情况检查对操作过程予以评价。
2.学生思考、总结小组和个人在任务实施过程中的优缺点,完成任务报告。</td></tr>
<tr><td>作业布置</td><td colspan="3">1.重茬对大豆生长有什么影响?
2.大豆幼苗长势的评价项目有哪些?
3.如何确定大豆的播种量?</td></tr>
</table>

2. 操作与观察记录

大豆种植技术记录表

品种		每苗有效穗	
株行距		每穗总粒数	
每亩用种量		结实率	
每亩化肥用量		单株产量	
每亩苗数			

3. 任务考核与评价

大豆种植技术考核评价表

<table>
<tr><td>姓名</td><td></td><td>指导教师</td><td colspan="3"></td></tr>
<tr><td>班级</td><td></td><td>小组成员</td><td colspan="3"></td></tr>
<tr><td rowspan="2">考核内容</td><td rowspan="2">赋分标准</td><td rowspan="2">分值</td><td colspan="3">得分</td></tr>
<tr><td>教师评价
(50%)</td><td>小组评价
(30%)</td><td>个人评价
(20%)</td></tr>
<tr><td rowspan="5">学习态度与
职业素养
(20分)</td><td>预习任务相关知识内容并查找相关资料</td><td>5</td><td></td><td></td><td></td></tr>
<tr><td>实训操作规范</td><td>3</td><td></td><td></td><td></td></tr>
<tr><td>态度端正、积极主动完成任务</td><td>3</td><td></td><td></td><td></td></tr>
<tr><td>善于沟通、合作学习、具有团队意识</td><td>4</td><td></td><td></td><td></td></tr>
<tr><td>独立完成作业和任务报告</td><td>5</td><td></td><td></td><td></td></tr>
<tr><td rowspan="4">任务操作技能
(40分)</td><td>整地</td><td>10</td><td></td><td></td><td></td></tr>
<tr><td>施肥</td><td>10</td><td></td><td></td><td></td></tr>
<tr><td>播种</td><td>10</td><td></td><td></td><td></td></tr>
<tr><td>覆土</td><td>10</td><td></td><td></td><td></td></tr>
<tr><td rowspan="2">实训成果
(20分)</td><td>株行距确定和播种深度</td><td>10</td><td></td><td></td><td></td></tr>
<tr><td>操作记录和任务报告</td><td>10</td><td></td><td></td><td></td></tr>
<tr><td rowspan="2">岗位工作知识
考核(20分)</td><td>大豆高产所需的土壤条件</td><td>10</td><td></td><td></td><td></td></tr>
<tr><td>重茬对大豆生长的影响</td><td>10</td><td></td><td></td><td></td></tr>
<tr><td colspan="2">总计</td><td>100</td><td></td><td></td><td></td></tr>
<tr><td colspan="2">总评</td><td colspan="4"></td></tr>
</table>

任务五　水稻测产技术

1.任务设计与实施表

水稻测产技术任务设计与实施表

任务	水稻测产技术	实施地点	校内、外实训基地
教学方法	现场教学	课时	4
教学内容	1.水稻产量测定方法 2.取样调查 (1)求每公顷穴数 (2)求每公顷穗数 (3)求每穗实粒数 3.每公顷产量计算		
教学目标	1.掌握水稻测产方法 2.分组完成水稻测产技术的工作任务,操作规范 3.培养学生合作学习、沟通交流和实验探究能力		
资源准备	电脑、投影仪、课件、相关教学素材		
预习设计	1.产量构成因素 2.产量测定方法 3.理论计算		
材料用具	水稻、卷尺、剪刀、水桶、数粒仪、计算器、记录本等		
学程设计	教师活动	学生活动	教学策略设计
	1.检查学习任务预习情况,提出问题	1.学生课前准备、资料整理、回答问题	任务驱动 自主学习
	2.学生分组	2.推选组长	小组协作
	3.出示水稻测产技术学习任务单并进行讲解	3.在教师指导下学习水稻测产技术相关知识	学习任务单
	4.指导小组交流,完成实施方案	4.小组讨论,确定实施方案	课堂研讨 合作学习
	5.教师示范演示操作、巡回指导、检查	5.小组共同完成水稻测产技术任务	现场指导 现场操作

续表

学习评价	1.理论知识测试 2.实施结果评价	1.回答问题 2.自行评价	多元评价
教学总结	1.教师根据学生的交流情况,总结水稻测产技术要求等,强调应注意的问题;根据实施情况检查对操作过程予以评价。 2.学生思考、总结小组和个人在任务实施过程中的优缺点,完成任务报告。		
作业布置	1.常用的测产方法是什么? 2.取样调查的步骤有哪些? 3.水稻成熟期产量构成的因素有哪些?		

2.操作与观察记录

水稻测产技术调查记录表

插植规格/cm		每亩穴数/个	
每穴苗数		每亩苗数	
每穴有效穗		每亩有效穗	
株高/cm		每穗总粒数	
每穗实粒数		结实率/%	
千粒重/g		单株产量/g	
理论产量/kg			

3.任务考核与评价

水稻测产技术考核评价表

<table>
<tr><td>姓名</td><td></td><td>指导教师</td><td colspan="3"></td></tr>
<tr><td>班级</td><td></td><td>小组成员</td><td colspan="3"></td></tr>
<tr><td rowspan="2">考核内容</td><td rowspan="2">赋分标准</td><td rowspan="2">分值</td><td colspan="3">得分</td></tr>
<tr><td>教师评价（50%）</td><td>小组评价（30%）</td><td>个人评价（20%）</td></tr>
<tr><td rowspan="5">学习态度与职业素养（20分）</td><td>预习任务相关知识内容并查找相关资料</td><td>5</td><td></td><td></td><td></td></tr>
<tr><td>实训操作规范</td><td>3</td><td></td><td></td><td></td></tr>
<tr><td>态度端正、积极主动完成任务</td><td>3</td><td></td><td></td><td></td></tr>
<tr><td>善于沟通、合作学习、具有团队意识</td><td>4</td><td></td><td></td><td></td></tr>
<tr><td>独立完成作业和任务报告</td><td>5</td><td></td><td></td><td></td></tr>
<tr><td rowspan="4">任务操作技能（40分）</td><td>测定穴、行距</td><td>10</td><td></td><td></td><td></td></tr>
<tr><td>调查每穗有效穴数</td><td>10</td><td></td><td></td><td></td></tr>
<tr><td>调查代表穴的实粒数</td><td>10</td><td></td><td></td><td></td></tr>
<tr><td>理论产量计算</td><td>10</td><td></td><td></td><td></td></tr>
<tr><td rowspan="3">实训成果（20分）</td><td>每公顷穴数计算</td><td>7</td><td></td><td></td><td></td></tr>
<tr><td>每公顷穗数计算</td><td>7</td><td></td><td></td><td></td></tr>
<tr><td>每穗实粒数计算</td><td>6</td><td></td><td></td><td></td></tr>
<tr><td rowspan="2">岗位工作知识考核(20分)</td><td>测产方法</td><td>10</td><td></td><td></td><td></td></tr>
<tr><td>取样调查步骤</td><td>10</td><td></td><td></td><td></td></tr>
<tr><td colspan="2">总计</td><td>100</td><td></td><td></td><td></td></tr>
<tr><td colspan="2">总评</td><td colspan="4"></td></tr>
</table>

项目四　植物保护

一、学习目标要求

1. 知识目标

表 4-1　植物保护知识目标

知识层次	知识类别	知识范围	知识内容	要求程度
初级	基本知识	植物保护基础知识	昆虫的形态与构造	掌握
			农业昆虫主要目、科识别	掌握
			植物病害概述	理解
			植物病害主要病原物	了解
		作物病虫草鼠害调查与测报基础知识	植物病虫害的田间调查	了解
		农药及药械应用基础知识	农药的概念和分类	掌握
			农药的剂型及使用	掌握
		栽培基础知识	作物生长发育与环境的关系	了解
	专业知识	预测预报	病虫草害种类识别	掌握
			田间调查方法	了解
			虫口密度的计算方法	掌握
		综合防治	综合防治原则	了解
			综合防治技术要点	掌握
			物理、化学方法诱杀害虫	掌握
		农药(械)使用	农药(械)知识	掌握
			常用农药使用常识和注意事项	掌握
			常见病虫害防治特点	掌握
			手动喷雾器构造及使用方法	了解
			安全施药方法和注意事项	掌握
			药械保管与维护常识	了解

续表 4-1

知识层次	知识类别	知识范围	知识内容	要求程度
	相关知识	安全知识	安全使用农药知识	掌握
			安全用电知识	掌握
		法律知识	农业法	了解
			产品质量法	了解
			经济合同法等相关的法律法规	了解
中级	基本知识	植物保护基础知识	昆虫的生物学特性	掌握
			植物病原诊断	掌握
		作物病虫草鼠害调查与测报基础知识	调查资料的统计分析	掌握
		农药及药械应用基础知识	农药安全使用	了解
			当地常用农药种类	了解
		作物栽培基础知识	作物的生长发育特性	了解
	专业知识	预报预测	普遍率和虫口密度	掌握
			病虫发生规律一般知识	掌握
		综合防治	主要病虫害发生规律	掌握
			生物防治基本知识	了解
		农药(械)使用	农药配制常识	理解
			农药的剂型	掌握
			背负式机动喷雾器使用及维修方法	掌握
			农药中毒急救方法	了解
	相关知识	安全知识	安全使用农药知识	掌握
			安全用电知识	掌握
		法律知识	农业法	了解
			产品质量法	了解
			经济合同法	了解

续表 4-1

知识层次	知识类别	知识范围	知识内容	要求程度
高级	基本知识	植物保护基础知识	昆虫与环境的关系	理解
			植物浸染性病害的发生与发展	了解
		作物病虫草鼠害调查与测报基础知识	植物病虫害的田间调查	掌握
			调查资料的田间分析	掌握
		农药及药械应用基础知识	农药的概念和分类	掌握
			背负式喷雾器的安全使用	掌握
		作物栽培基础知识	作物栽培基本技术	了解
	专业知识	预测、预报	昆虫形态、病害诊断及杂草识别的一般知识	理解
			显微镜、解剖镜的结构	掌握
			主要病虫系统调查方法	掌握
			主要病虫的防治指标	了解
			昆虫的世代和发育进度	了解
		综合防治	主要病虫发生规律	掌握
			主要病虫综合防治技术规程	掌握
		农药(械)使用	主要农药的性能	掌握
			农药使用常识	掌握
			主要药械的结构、性能及使用、维护方法	掌握
	相关知识	安全知识	安全使用农药知识	掌握
			安全用电知识	掌握
		法律知识	农业法	了解
			产品质量法	了解
			经济合同法等相关的法律法规	了解

2.技能目标

表 4-2 植物保护操作技能目标

技能层次	技能类别	技能范围	技能内容	要求程度
初级	操作技能	预测预报技能	识别当地主要病虫害和天敌 15 种以上	掌握
			常发性病虫发生情况调查	掌握
			病虫信息的传递	了解
		综合防治技能	利用抗病品种和健身栽培措施防治病虫	掌握
			灯光、黄板和性诱杀剂使用	掌握
		农药(械)使用技能	根据农药施用技术方案正确准备农药(械)	掌握
			配制药液和毒土	掌握
			正确使用农药	掌握
			正确使用手动喷雾器	掌握
			正确处理清洗药械的污水和用过的农药包装物	掌握
			按规定正确保管农药(械)	了解
	其他	安全操作技能	药剂使用安全防护	了解
			安全生产规程操作	掌握

续表 4-2

技能层次	技能类别	技能范围	技能内容	要求程度
中级	操作技能	预测预报技能	识别当地主要病虫害和天敌 25 种以上	掌握
			预测预报数据常规计算	掌握
			对病虫发生动态做出初步判断	了解
		综合防治技能	农业防治	掌握
			生物防治	掌握
			合理使用农药控害保益	掌握
		农药(械)使用技能	批量配制农药	掌握
			使用背负式机动喷雾器	掌握
			排除背负式机动喷雾器一般故障	掌握
			维修手动式喷雾器	掌握
			保养背负式机动喷雾器	掌握
	其他	安全操作技能	药剂使用安全防护	了解
			安全生产规程操作	掌握
高级	操作技能	预测预报技能	识别当地主要病虫害和天敌 50 种以上	掌握
			对主要病虫进行发生期和发生量调查	掌握
			编制统计图表	掌握
			确定防治适期和防治田块	掌握
		综合防治技能	对主要病虫害提出综合防治计划	掌握
			进行多种剂型农药配制	掌握
		农药(械)使用技能	正确使用主要类型的机动药械	掌握
			保养主要类型的机动药械	掌握
			农药销售常识	掌握
	其他	安全操作技能	药剂使用安全防护	掌握
			安全生产规程操作	掌握

二、相关学习内容

1.知识学习

表 4-3 相关知识学习内容

知识类别	相关内容	具体要求
专业知识	1.植物保护基础知识	1.病虫害种类识别 2.昆虫形态、病害诊断 3.显微镜、解剖镜使用 4.病虫发生一般规律 5.主要病虫的防治指标 6.主要病虫的发生规律
	2.作物病虫草鼠害调查与测报基础知识	1.田间调查方法 2.百分率、平均数、普遍率和虫口密度的计算方法 3.统计分析的一般方法 4.传递信息的注意事项
	3.有害生物综合防治知识	1.综合防治原则 2.综合防治技术要点 3.物理、化学方法诱杀昆虫 4.生物防治 5.主要病虫综合防治技术规程
	4.农药及药械应用基础知识	1.农药配制与使用常识 2.安全施药的方法和主要事项 3.药械保管与维护常识 4.农药贮存及保管常识 5.农药中毒急救方法 6.主要农药的性能 7.主要药械的结构、性能及使用、维护

续表 4-3

知识类别	相关内容	具体要求
专业知识	5. 植物检疫基础知识	1. 植物检疫的基本概念 2. 植物检疫的目的意义 3. 植物检疫的特点 4. 植物检疫的执行机构 5. 植物检疫的范围 6. 植物检疫的对象 7. 植物检疫的程序
	6. 作物栽培基础知识	1. 作物生长的基础条件 2. 作物栽培的基础知识
相关知识	1. 安全知识	1. 安全使用农药知识 2. 安全用电知识
	2. 相关法规	1. 农业法 2. 产品质量法 3. 经济合同法等相关的法律法规
	3. 工作能力	1. 具有一定的工作组织能力 2. 建立田间档案 3. 指导生产作业

2. 技能学习

表 4-4 相关技能学习内容

技能层次	主要内容	具体要求
初级操作技能	1. 病虫害预测预报技能	1. 能识别当地主要病虫草鼠害和天敌 15 种以上 2. 能进行常发性病虫发生情况调查 能进行简单的计算 3. 能及时、准确传递病虫信息
	2. 病虫害综合防治技能	1. 理解综合防治方案 2. 实施综防措施
	3. 农药(械)使用技能	1. 能根据农药施用技术方案，正确备好农药(械) 2. 能辨别常用农药外观质量 3. 能按药、水(土)配比要求配制药液及毒土 4. 能正确施用农药 5. 能正确使用手动喷雾器 6. 能正确处理清洗药械的污水和用过的农药包装物 7. 能按规定正确保管农药(械)

续表 4-4

技能层次	主要内容	具体要求
中级操作技能	1.病虫害预测预报技能	1.能识别当地主要病虫草鼠害和天敌 25 种以上 2.能独立进行主要病虫发生情况调查 3.能进行常规计算 4.能对病虫发生动态作出初步判断
	2.病虫害综合防治技能	1.能结合实际对一种主要病虫提出综防计划 2.能利用天敌进行生物防治 3.能合理使用农药控害保益
	3.农药(械)使用技能	1.能批量配制农药 2.能使用背负式机动喷雾器 3.能排除背负式机动喷雾器一般故障 4.能维修手动喷雾器 5.能保养背负式机动喷雾器
高级操作技能	1.病虫害预测预报技能	1.能识别当地主要病虫草鼠害和天敌 50 种以上 2.能对主要病虫进行发生期和发生量的调查 3.能使用计算工具做简单的统计分析 4.能编制统计图表 5.能使用计算机查看病虫发生信息 6.能确定防治适期和防治田块
	2.病虫害综合防治技能	1.能结合实际对三种主要病虫害提出综防计划 2.能组织落实综防技术措施
	3.农药(械)使用技能	1.能进行多种剂型农药的配制 2.能正确使用主要类型的机动药械 3.能保养主要类型的机动药械 4.能代销农药

三、任务学程设计

任务一　农业常见昆虫类别识别

1. 任务设计与实施

农业常见昆虫类别识别设计与实施表

任务	农业常见昆虫类别识别	实施地点	校内实训基地
教学方法	现场教学	课时	4
教学内容	1. 直翅目、半翅目、鞘翅目、双翅目、鳞翅目、膜翅目、同翅目、脉翅目的主要形态特征 2. 会鉴别农艺植物主要昆虫：蚜虫、红蜘蛛、潜叶蝇、玉米螟等		
教学目标	1. 通过观察分类示范标本，正确识别直翅目、半翅目、鞘翅目、双翅目、鳞翅目、膜翅目、同翅目、脉翅目的等重要昆虫目的基本特点 2. 分组完成各目常见昆虫主要特征对比观察识别工作任务 3. 培养学生合作学习、沟通交流和实验探究能力		
资源准备	电脑、投影仪、课件、相关教学素材		
预习设计	1. 与农业生产密切相关的昆虫 2. 主要目昆虫的特点及代表昆虫 3. 捕捉、收集昆虫 4. 制作昆虫标本		
材料用具	解剖镜，解剖针，镊子，镜头纸。各种直翅目、半翅目、同翅目、鞘翅目、双翅目、鳞翅目、膜翅目、脉翅目主要种类标本		

续表

	教师活动	学生活动	教学策略设计
学程设计	1. 检查学习任务预习情况，提出问题	1. 学生课前准备、资料整理、回答问题	任务驱动 自主学习
	2. 学生分组	2. 推选组长	小组协作
	3. 出示常见昆虫识别学习任务单并进行讲解	3. 在教师指导下学习常见昆虫识别相关知识	学习任务单
	4. 指导小组交流，完成实施方案	4. 小组讨论，确定实施方案	课堂研讨 合作学习
	5. 教师巡回指导、检查	5. 小组共同完成常见昆虫识别任务	现场指导 现场操作
学习评价	1. 理论知识测试 2. 实施结果评价	1. 回答问题 2. 自行评价	多元评价
教学总结	1. 教师根据学生的交流情况，总结常见昆虫识别要求等，强调应注意的问题；根据实施情况检查对操作过程予以评价。 2. 学生思考、总结小组和个人在任务实施过程中的优缺点，完成任务报告。		
作业布置	1. 昆虫的繁殖方式有哪些？ 2. 昆虫的主要习性有哪些？ 3. 写出每个目中与农业生产关系密切的代表性昆虫。		

2. 操作与观察记录

农业常见昆虫类别特征观察记录表

目名称	昆虫名称	口器类型	触角类型	翅特征	胸足类型

3.任务考核与评价

农业常见昆虫类别识别考核评价表

姓名		指导教师			
班级		小组成员			
考核内容	赋分标准	分值	得分		
			教师评价(50%)	小组评价(30%)	个人评价(20%)
学习态度与职业素养(20分)	预习任务相关知识内容并查找相关资料	5			
	实训操作规范	3			
	态度端正、积极主动完成任务	3			
	善于沟通、合作学习、具有团队意识	4			
	独立完成作业和任务报告	5			
任务操作技能(40分)	完全变态观察	10			
	不完全变态观察	10			
	完全变态各目比较	10			
	不完全变态各目比较	10			
实训成果(20分)	标本采集	10			
	观察记录和任务报告	10			
岗位工作知识考核(20分)	各目的主要区别	10			
	列表比较各目的主要特征	10			
总计		100			
总评					

任务二　植物病害主要症状识别

1.任务设计与实施

植物病害主要症状识别设计与实施表

任务	植物病害主要症状识别	实施地点	校内、外实训基地
教学方法	现场教学	课时	6
教学内容	1.病状类型观察 (1)变色:褪绿、黄化、花叶 (2)坏死:斑点、枯死、疮痂、溃疡、猝倒或立枯 (3)腐烂 (4)萎蔫 (5)畸形:矮化、徒长、丛生、卷叶、发根、瘿瘤、剑叶、菌瘿 2.病症类型观察 (1)粉状物 (2)霉状物 (3)粒状物:小黑点、菌核、白锈 3.病害标本采集与制作 (1)室外采集 (2)整理 (3)制作		
教学目标	1.观察、识别植物的病状和病症 2.分组完成常见植物病害主要症状识别的工作任务,操作规范 3.培养学生合作学习、沟通交流和实验探究能力		
资源准备	电脑、投影仪、课件、相关教学素材		
预习设计	1.植物病害的概念 2.植物病害的症状类型 3.主要植物发病的病原生物及其致病特点 4.病害标本的采集与制作方法		
材料用具	植物病害各种症状类型标本、放大镜等		

续表

	教师活动	学生活动	教学策略设计
学程设计	1.检查学习任务预习情况，提出问题	1.学生课前准备、资料整理、回答问题	任务驱动 自主学习
	2.学生分组	2.推选组长	小组协作
	3.出示植物病害主要症状识别学习任务单并进行讲解	3.在教师指导下学习植物病害主要症状识别相关知识	学习任务单
	4.指导小组交流，完成实施方案	4.小组讨论，确定实施方案	课堂研讨 合作学习
	5.教师示范演示操作、巡回指导、检查	5.小组共同完成植物病害主要症状识别任务	现场指导 现场操作
学习评价	1.理论知识测试 2.实施结果评价	1.回答问题 2.自行评价	多元评价
教学总结	1.教师根据学生的交流情况，总结植物病害主要症状识别要求等，强调应注意的问题；根据实施情况检查对操作过程予以评价。 2.学生思考、总结小组和个人在任务实施过程中的优缺点，完成任务报告。		
作业布置	1.植物病害的病状有哪几种类型? 2.病害症状在植物病害诊断上有什么作用?		

2.操作与观察记录

主要植物病害调查表

序号	病害名称	发病部位	病状类型	病症类型	症状表现
1					
2					
3					
4					
5					
6					
7					
8					
9					
10					
11					
12					
13					
14					
15					

3. 任务考核与评价

植物病害主要症状识别考核评价表

姓名		指导教师			
班级		小组成员			
考核内容	赋分标准	分值	得分		
			教师评价（50%）	小组评价（30%）	个人评价（20%）
学习态度与职业素养（20分）	预习任务相关知识内容并查找相关资料	5			
	实训操作规范	3			
	态度端正、积极主动完成任务	3			
	善于沟通、合作学习、具有团队意识	4			
	独立完成作业和任务报告	5			
任务操作技能（40分）	病状类型观察描述	15			
	病症类型观察描述	15			
	病害标本的采集	5			
	病害标本的整理、制作	5			
实训成果（20分）	采集和制作的病害标本质量	10			
	操作记录和任务报告	10			
岗位工作知识考核（20分）	病状和病症的类型	10			
	病害标本的采集与制作方法	10			
总计		100			
总评					

任务三 常用农药的剂型识别及鉴别

1. 任务设计与实施

常用农药的剂型识别及鉴别任务设计与实施表

任务	常用农药的剂型识别及鉴别	实施地点	校内实训基地
教学方法	现场教学	课时	4
教学内容	1. 常见农药物理性质的鉴别 (1)细度 (2)乳化性能 (3)悬浮性 (4)润湿性 (5)pH 2. 粉剂、可湿性粉剂质量简易鉴别 (1)细度 (2)流动性 (3)悬浮性 (4)润湿性 3. 乳油质量简易测定 (1)沉淀 (2)悬浮物		
教学目标	1. 正确识别农药常见剂型,会使用简易方法鉴别农药 2. 分组完成常用农药的剂型识别及鉴别的工作任务 3. 培养学生合作学习、沟通交流和实验探究能力		
资源准备	电脑、投影仪、课件、相关教学素材		
预习设计	1. 农药的概念和分类 2. 农药常见剂型的特性 3. 农药常见剂型的简易鉴别方法 4. 熟悉并认识本地常见农药品种 5. 农药标签的认识		
材料用具	供试各种类型农药、天平、牛角匙、试管、量瓶、烧杯、玻璃棒等		

续表

	教师活动	学生活动	教学策略设计
学程设计	1.检查学习任务预习情况，提出问题	1.学生课前准备、资料整理、回答问题	任务驱动 自主学习
	2.学生分组	2.推选组长	小组协作
	3.出示常用农药的剂型识别及鉴别学习任务单，并进行讲解	3.在教师指导下学习常用农药的剂型识别及鉴别相关知识	学习任务单
	4.指导小组交流，完成实施方案	4.小组讨论，确定实施方案	课堂研讨 合作学习
	5.教师示范演示操作、巡回指导、检查	5.小组共同完成常用农药的剂型识别及鉴别任务	现场指导 现场操作
学习评价	1.理论知识测试 2.实施结果评价	1.回答问题 2.自行评价	多元评价
教学总结	1.教师根据学生的交流情况，总结常用农药的剂型识别及鉴别要求等，强调应注意的问题；根据实施情况检查对操作过程予以评价。 2.学生思考、总结小组和个人在任务实施过程中的优缺点，完成任务报告。		
作业布置	1.常用的农药剂型有哪些？ 2.乳油的简易测定方法是什么？ 3.比较提供的10种农药的剂型、防治对象及使用方法。		

2.操作与观察记录

常用农药的剂型使用记载表

农药名称	用途分类	剂型	防治对象	使用注意事项

3. 任务考核与评价

常用农药的剂型识别及鉴别考核评价表

姓名		指导教师			
班级		小组成员			
考核内容	赋分标准	分值	得分		
			教师评价（50%）	小组评价（30%）	个人评价（20%）
学习态度与职业素养（20分）	预习任务相关知识内容并查找相关资料	5			
	实训操作规范	3			
	态度端正、积极主动完成任务	3			
	善于沟通、合作学习、具有团队意识	4			
	独立完成作业和任务报告	5			
任务操作技能（40分）	常见农药识别	10			
	常见农药物理性质的鉴别	10			
	粉剂、可湿性粉剂质量简易鉴别	10			
	乳油质量简易测定	10			
实训成果（20分）	观察记载农药的物理状态、颜色、气味和在水中反应	10			
	观察记录和任务报告	10			
岗位工作知识考核（20分）	常见农药物理性质的鉴别	10			
	农药的使用方法	10			
总计		100			
总评					

任务四 常用农药的配制与质量检查

1. 任务设计与实施

常用农药的配制与质量检查任务设计与实施表

<table>
<tr><td>任务</td><td>常用农药的配制与质量检查</td><td>实施地点</td><td>校内实训基地</td></tr>
<tr><td>教学方法</td><td>现场教学</td><td>课时</td><td>4</td></tr>
<tr><td>教学内容</td><td colspan="3">1. 波尔多液的配制与质量检查
2. 石硫合剂的配制与质量检查</td></tr>
<tr><td>教学目标</td><td colspan="3">1. 学会波尔多液和石硫合剂的配制方法
2. 分组完成常用农药的配制与质量检查的工作任务
3. 培养学生合作学习、沟通交流和实验探究能力。</td></tr>
<tr><td>资源准备</td><td colspan="3">电脑、投影仪、课件、相关教学素材</td></tr>
<tr><td>预习设计</td><td colspan="3">1. 农药用量的表示方法
2. 农药合理使用、安全使用简便知识
3. 波尔多液的作用及配制方法
4. 石硫合剂的作用及熬制方法</td></tr>
<tr><td>材料用具</td><td colspan="3">生石灰、硫酸铜、硫黄、水、量筒、塑料桶、木棒、烧杯、玻璃棒、天平、锅、盆、波美比重计、电炉、纱布等</td></tr>
<tr><td rowspan="6">学程设计</td><td>教师活动</td><td>学生活动</td><td>教学策略设计</td></tr>
<tr><td>1. 检查学习任务预习情况，提出问题</td><td>1. 学生课前准备、资料整理、回答问题</td><td>任务驱动
自主学习</td></tr>
<tr><td>2. 学生分组</td><td>2. 推选组长</td><td>小组协作</td></tr>
<tr><td>3. 出示常用农药的配制与质量检查学习任务单并进行讲解</td><td>3. 在教师指导下学习常用农药的配制与质量检查相关知识</td><td>学习任务单</td></tr>
<tr><td>4. 指导小组交流，完成实施方案</td><td>4. 小组讨论，确定实施方案</td><td>课堂研讨
合作学习</td></tr>
<tr><td>5. 教师示范演示操作、巡回指导、检查</td><td>5. 小组共同完成常用农药的配制与质量检查任务</td><td>现场指导
现场操作</td></tr>
</table>

续表

学习评价	1.理论知识测试 2.实施结果评价	1.回答问题 2.自行评价	多元评价
教学总结	1.教师根据学生的交流情况，总结常用农药的配制与质量检查要求等，强调应注意的问题；根据实施情况检查对操作过程予以评价。 2.学生思考、总结小组和个人在任务实施过程中的优缺点，完成任务报告。		
作业布置	1.石硫合剂的熬制方法及使用注意事项是什么？ 2.波尔多液的配制方法及使用注意事项是什么？		

2.操作与观察记录

常用农药的配制与质量检查记载表

农药名称	成分与配制比例	质量检查	注意事项

3.任务考核与评价

常用农药的配制与质量检查考核评价表

姓名		指导教师			
班级		小组成员			
考核内容	赋分标准	分值	得分		
			教师评价（50%）	小组评价（30%）	个人评价（20%）
学习态度与职业素养（20分）	预习任务相关知识内容并查找相关资料	5			
	实训操作规范	3			
	态度端正、积极主动完成任务	3			
	善于沟通、合作学习、具有团队意识	4			
	独立完成作业和任务报告	5			
任务操作技能（40分）	石硫合剂配方	5			
	石硫合剂熬制	10			
	石硫合剂质量检查	10			
	波尔多液配方	5			
	波尔多液配制	10			
实训成果（20分）	石硫合剂质量	10			
	操作记录和任务报告	10			
岗位工作知识考核（20分）	石硫合剂使用作用事项	10			
	波尔多液使用作用事项	10			
总计		100			
总评					

任务五 常用农药器械的使用及保养

1.任务设计与实施

常用农药器械的使用及保养任务设计与实施表

<table>
<tr><td>任务</td><td>常用农药器械的使用及保养</td><td>实施地点</td><td colspan="2">校内实训基地</td></tr>
<tr><td>教学方法</td><td>现场教学</td><td>课时</td><td colspan="2">4</td></tr>
<tr><td>教学内容</td><td colspan="4">1.了解手动背负式喷雾器结构
2.学会手动背负式喷雾器的使用方法
3.掌握手动背负式喷雾器的保养方法</td></tr>
<tr><td>教学目标</td><td colspan="4">1.掌握手动背负式喷雾器的结构,能正确对其进行使用和保养
2.分组完成常用农药器械的使用及保养的工作任务,操作规范
3.培养学生合作学习、沟通交流和实验探究能力</td></tr>
<tr><td>资源准备</td><td colspan="4">电脑、投影仪、课件、相关教学素材</td></tr>
<tr><td>预习设计</td><td colspan="4">1.手动背负式喷雾器的结构
2.手动背负式喷雾器的使用方法</td></tr>
<tr><td>材料用具</td><td colspan="4">背负式喷雾器、杀虫剂、烧杯、水等</td></tr>
<tr><td rowspan="6">学程设计</td><td>教师活动</td><td colspan="2">学生活动</td><td>教学策略设计</td></tr>
<tr><td>1.检查学习任务预习情况,提出问题</td><td colspan="2">1.学生课前准备、资料整理、回答问题</td><td>任务驱动
自主学习</td></tr>
<tr><td>2.学生分组</td><td colspan="2">2.推选组长</td><td>小组协作</td></tr>
<tr><td>3.教师介绍常用农药器械的使用特点、结构及保养方法,讲解故障的判断与排除方法</td><td colspan="2">3.在教师指导下学习常用农药器械的使用及保养相关知识</td><td>学习任务单</td></tr>
<tr><td>4.指导小组交流,完成实施方案</td><td colspan="2">4.小组讨论,确定实施方案</td><td>课堂研讨
合作学习</td></tr>
<tr><td>5.教师示范演示操作、巡回指导、检查</td><td colspan="2">5.小组共同完成常用农药器械的使用及保养任务</td><td>现场指导
现场操作</td></tr>
</table>

续表

学习评价	1.理论知识测试 2.实施结果评价	1.回答问题 2.自行评价	多元评价
教学总结	1.教师根据学生的交流情况，总结常用农药器械的使用及保养要求等，强调应注意的问题；根据实施情况检查对操作过程予以评价。 2.学生思考、总结小组和个人在任务实施过程中的优缺点，完成任务报告。		
作业布置	1.背负式喷雾器使用前应做好哪些工作？ 2.如何把握好喷雾量与喷雾速度的关系？ 3.背负式喷雾器在使用中出现喷雾故障如何处理？		

2.操作与观察记录

常用农药器械的使用及保养观察记载表

仪器名称	保养方法	保养时间	备注

3. 任务考核与评价

常用农药器械的使用及保养考核评价表

<table>
<tr><td>姓名</td><td></td><td>指导教师</td><td colspan="3"></td></tr>
<tr><td>班级</td><td></td><td>小组成员</td><td colspan="3"></td></tr>
<tr><td rowspan="2">考核内容</td><td rowspan="2">赋分标准</td><td rowspan="2">分值</td><td colspan="3">得分</td></tr>
<tr><td>教师评价
(50%)</td><td>小组评价
(30%)</td><td>个人评价
(20%)</td></tr>
<tr><td rowspan="5">学习态度与职业素养
(20分)</td><td>预习任务相关知识内容并查找相关资料</td><td>5</td><td></td><td></td><td></td></tr>
<tr><td>实训操作规范</td><td>3</td><td></td><td></td><td></td></tr>
<tr><td>态度端正、积极主动完成任务</td><td>3</td><td></td><td></td><td></td></tr>
<tr><td>善于沟通、合作学习、具有团队意识</td><td>4</td><td></td><td></td><td></td></tr>
<tr><td>独立完成作业和任务报告</td><td>5</td><td></td><td></td><td></td></tr>
<tr><td rowspan="5">任务操作技能
(40分)</td><td>喷雾器结构</td><td>10</td><td></td><td></td><td></td></tr>
<tr><td>量取药液</td><td>5</td><td></td><td></td><td></td></tr>
<tr><td>配制</td><td>5</td><td></td><td></td><td></td></tr>
<tr><td>喷雾器使用</td><td>10</td><td></td><td></td><td></td></tr>
<tr><td>喷雾器保养</td><td>10</td><td></td><td></td><td></td></tr>
<tr><td rowspan="2">实训成果
(20分)</td><td>溶液配制及喷雾器使用</td><td>10</td><td></td><td></td><td></td></tr>
<tr><td>操作记录和任务报告</td><td>10</td><td></td><td></td><td></td></tr>
<tr><td rowspan="2">岗位工作知识考核(20分)</td><td>喷雾器使用作用事项</td><td>10</td><td></td><td></td><td></td></tr>
<tr><td>安全操作知识</td><td>10</td><td></td><td></td><td></td></tr>
<tr><td colspan="2">总计</td><td>100</td><td></td><td></td><td></td></tr>
<tr><td colspan="2">总评</td><td colspan="4"></td></tr>
</table>

下　篇

畜牧兽医类专业实践学程设计

项目五　科学养鸡

一、学习目标要求

1. 知识目标

表 5-1　科学养鸡知识目标

知识类别	知识范围	知识内容	要求程度
专业核心课程	蛋用雏鸡的饲养管理	环境控制技术	掌握
		喂好雏鸡	掌握
		能合理控制蛋用雏鸡舍的密度	掌握
		能进行初生雏鸡处理	掌握
		初生雏鸡的选择与分级	掌握
		观察雏鸡表现	掌握
		雏鸡舍的卫生清洁工作	掌握
		鸡的饲料的加工调制	了解
	蛋用育成鸡的饲养管理	控制环境	掌握
		饲养蛋用育成鸡	掌握
		管理蛋用育成鸡	掌握
		观察育成鸡表现	掌握
		清洁育成鸡舍的卫生	掌握
		调制饲料	了解
	产蛋鸡的饲养管理	环境控制	掌握
		饲养产蛋鸡	掌握
		管理产蛋鸡	掌握
		观察产蛋鸡表现	掌握
		产蛋鸡舍的清洁卫生工作	掌握
		饲料的加工调制	了解
	蛋用种鸡的饲养管理	饲养管理蛋用种鸡	掌握
		产蛋种鸡的人工强制换羽	掌握
	肉用仔鸡的饲养管理	肉用仔鸡的开食、饮水	掌握
		管理肉用仔鸡	掌握
		初生雏鸡的选择与安置	掌握
	肉用种鸡的饲养管理	肉用种鸡的选择	掌握
		肉用种鸡的科学饲养管理	掌握

2.技能目标

表 5-2 科学养鸡技能目标

技能类别	技能范围	技能内容	要求程度
蛋用雏鸡的饲养管理	蛋用雏鸡舍环境控制	1.蛋用雏鸡舍的温度、湿度、光照、噪声的控制方法掌握正确	掌握
		2.鸡舍内温度、湿度、光照、噪声等指标控制在理想的范围之内	掌握
	蛋用雏鸡饲养	1.雏鸡开食及饮水的适宜时间掌握准确	掌握
		2.雏鸡给水、开食操作规范、熟练	掌握
		3.对不会饮水的雏鸡调教方法正确,雏鸡很快学会饮水	掌握
	蛋用雏鸡舍的密度控制	蛋用雏鸡饲养密度控制合理,与不同日龄、不同饲养方式蛋用雏鸡饲养密度要求相符	掌握
	初生雏鸡管理	1.初生雏鸡断喙、剪冠、断趾的适宜时间掌握准确	掌握
		2.雏鸡断喙、剪冠、断趾操作熟练,动作规范	掌握
	初生雏鸡的选择与分级	1.初生雏鸡的选择速度快,对健康雏鸡及病弱雏鸡区分准确	掌握
		2.初生雏鸡分级标准掌握准确,分级合理	掌握
	观察雏鸡表现	雏鸡日常采食、运动及粪便状态观察及时、仔细,病鸡发现及时	掌握
	雏鸡舍的卫生清洁工作	1."全进全出"式雏鸡舍消毒及舍内用具清洗工作流程掌握熟练	了解
		2.雏鸡舍的消毒及卫生清洁工作熟练、规范	了解
	雏鸡饲料的加工调制	1.雏鸡饲料粉碎粒度确定准确	了解
		2.雏鸡饲料粉碎、搅拌操作熟练,技术要领掌握准确	了解

续表 5-2

技能类别	技能范围	技能内容	要求程度
蛋用育成鸡的饲养管理	控制环境	蛋用育成鸡舍的温度、湿度、光照、噪声控制在理想范围之内,饲养环境良好	掌握
	蛋用育成鸡的饲养	1. 对 7～14 周龄、15～20 周龄蛋用育成鸡饲喂科学,饲料选择合理,与蛋用育成鸡的营养需要相符	掌握
		2. 蛋用育成鸡的换料时间确定合理	掌握
		3. 蛋用育成鸡补饲砂砾方法正确	掌握
	蛋用育成鸡的管理	1. 蛋用育成鸡饲养密度掌握准确	掌握
		2. 育成鸡转群时间掌握准确,转群适时、顺利	掌握
	观察育成鸡表现	育成鸡采食、运动及粪便状态观察仔细,健康鸡与病鸡分辨准确	了解
	育成鸡舍的消毒	1. 选择的消毒药腐蚀性小,消毒效果好	了解
		2. 育成鸡舍及舍内设备用具消毒操作规范,鸡舍卫生环境良好	了解
	饲料调制	1. 育成鸡饲料选择合理,饲料粉碎粒度适宜	了解
		2. 饲料粉碎、搅拌操作熟练,技术要领掌握准确	了解
产蛋鸡的饲养管理	控制环境	1. 产蛋鸡舍的温度、湿度、光照、噪声的理想范围掌握准确	掌握
		2. 产蛋鸡环境控制方法正确,饲养环境良好	掌握
	饲养产蛋鸡	1. 饲料营养水平调整适时,与鸡群产蛋量等情况变化相适应	掌握
		2. 产蛋鸡饲喂合理,投料方法正确,投料量掌握准确	掌握
		3. 分阶段饲养方法技术要领掌握准确,日粮中蛋白水平及钙的含量调控合理	掌握

续表 5-2

技能类别	技能范围	技能内容	要求程度
产蛋鸡的饲养管理	管理产蛋鸡	1. 对不同饲养方式产蛋鸡的饲养密度掌握准确	掌握
		2. 日常管理工作有规律、速度快、动作轻，保证鸡舍环境的相对稳定	掌握
		3. 产蛋高峰期的饲养管理要点掌握准确	掌握
	观察产蛋鸡表现	产蛋鸡采食、运动及粪便状态观察仔细，健康鸡与病鸡分辨准确	了解
	产蛋鸡舍的清洁卫生工作	1. 水槽、料槽及其他用具清洗及时、彻底，用具定期消毒	了解
		2. 育成鸡舍卫生环境良好	了解
	产蛋鸡饲料的加工调制	1. 产蛋鸡饲料粉碎粒度确定准确	了解
		2. 饲料粉碎、搅拌操作规范，技术要领掌握准确	了解
蛋用种鸡的饲养管理	饲养管理蛋用种鸡	1. 蛋用种公鸡的营养需要掌握准确	掌握
		2. 祖代种鸡、父母代种鸡分群管理技术熟练	掌握
		3. 种公鸡剪冠、断趾、断喙操作熟练，技术要领掌握准确	掌握
		4. 种公鸡、种母鸡选择要点掌握准确	掌握
		5. 蛋用种鸡公母混群比例合理	掌握
		6. 蛋用种公鸡管理要点掌握熟练	掌握
	产蛋种鸡的人工强制换羽	1. 产蛋种鸡人工强制换羽时间、方法及操作要点掌握准确	掌握
		2. 蛋用种鸡工强制换羽完成顺利	了解
肉用仔鸡的饲养管理	肉用仔鸡的开食、饮水	1. 仔鸡开水、开食方法正确	掌握
		2. 肉用仔鸡饮水要点及饲喂要点掌握熟练	掌握
	肉用仔鸡的管理	1. 产蛋鸡舍的温度、湿度、光照、噪声控制在理想范围之内，饲养环境良好	掌握
		2. 肉用仔鸡舍的饲养密度控制合理	掌握
	初生雏鸡的选择与安置	1. 初生雏鸡选择、分级熟练、迅速	掌握
		2. 强雏、弱雏区分准确，弱雏安置方法正确	掌握

二、任务学程设计

任务一 蛋用雏鸡的饲养管理

1. 任务设计与实施

蛋用雏鸡的饲养管理任务设计与实施表

<table>
<tr><td>任务</td><td colspan="2">蛋用雏鸡的饲养管理</td><td>实施地点</td><td>校内实训基地</td></tr>
<tr><td>教学方法</td><td colspan="2">多媒体教学、现场教学</td><td>课时</td><td>10</td></tr>
<tr><td>教学内容</td><td colspan="4">1.蛋用雏鸡的环境控制技术
2.喂好蛋用雏鸡
3.控制蛋用雏鸡舍的密度
4.初生蛋用雏鸡的处理
5.初生蛋用雏鸡的选择与分级
6.蛋用雏鸡的采食、排便、运动情况进行观察、判定、分析
7.蛋用雏鸡舍的卫生清洁</td></tr>
<tr><td>教学目标</td><td colspan="4">1.掌握蛋用雏鸡的环境控制技术
2.能喂好蛋用雏鸡
3.合理对蛋用雏鸡进行管理
4.培养学生合作学习、沟通交流和实验探究能力</td></tr>
<tr><td>资源准备</td><td colspan="4">电脑、投影仪、相关教学素材</td></tr>
<tr><td>预习设计</td><td colspan="4">1.蛋用雏鸡饲喂和环境控制
2.蛋用雏鸡的管理</td></tr>
<tr><td>材料用具</td><td colspan="4">雏鸡、手术剪、去趾器、断喙器等</td></tr>
<tr><td rowspan="6">学程设计、实施</td><td>教师活动</td><td colspan="2">学生活动</td><td>教学策略设计</td></tr>
<tr><td>1.检查预习情况</td><td colspan="2">1.学生回答问题</td><td>任务驱动</td></tr>
<tr><td>2.学生分组</td><td colspan="2">2.推选组长</td><td></td></tr>
<tr><td>3.教师对雏鸡饲养管理进行讲解</td><td colspan="2">3.在教师指导下学习育雏相关知识</td><td>教师讲解、指导,学生学习</td></tr>
<tr><td>4.指导小组交流,完成实施方案</td><td colspan="2">4.小组讨论,确定实施方案</td><td>合作学习</td></tr>
<tr><td>5.教师演示操作、巡回指导、检查</td><td colspan="2">5.小组共同完成育雏任务</td><td>现场指导</td></tr>
</table>

续表

教学总结	1. 教师根据学生的交流情况，总结雏鸡饲养管理方法等，强调应注意的问题；根据实施情况检查对操作过程予以评价。 2. 学生思考、总结小组和个人在任务实施过程中的优缺点，完成任务报告。
作业设计	1. 雏鸡饲养技术是什么？ 2. 雏鸡管理有哪些方法？

2. 任务学习纲要

(1)环境控制技术

①控制温、湿度

控制温度；控制湿度；育雏舍冬季应注意保温、防风，夏季注意防暑、洒水

②控制光照

控制光照时间、控制光照强度

③控制噪声

控制噪声来源、控制噪声大小、控制其他噪声

(2)能喂好雏鸡

①科学给水

控制时间、操作要点、个别处理

②适时开食

控制时间、操作要点

(3)能合理控制蛋用雏鸡舍的密度

①地面平养

②立体笼养

(4)能进行初生雏鸡处理

①断喙

时间、操作要点、及时用药

②剪冠

时间、操作要点

③雏鸡的断趾

时间、操作要点

(5)初生雏鸡的选择

①初生雏鸡的选择

看、听、摸、问

②初生雏鸡的分级鉴别

(6)雏鸡的采食、排便、运动情况

①观察采食状态

健康鸡、病鸡

②观察排便

正常粪便似条状,成堆形,没有黏稠粪便;病例粪便分析:传染性法氏囊、急性新城疫、肠性流感或痛风、球虫病或盲肠型肝炎;观察雏鸡的运动状态:

健雏、弱雏

(7)雏鸡舍的卫生清洁

(8)雏鸡饲料的加工调制

①选料

②确定饲料粉碎粒度

③粉碎与搅拌

3.任务考核与评价

蛋用雏鸡饲养管理考核评价表

姓名		指导教师			
班级		小组人员			
考核内容	赋分标准	分值	得分		
			教师评价(50%)	小组评价(30%)	个人评价(20%)
学习态度与职业素养(20分)	出勤情况	5			
	沟通、合作能力	10			
	学习态度	5			
任务操作技能(50分)	蛋用雏鸡舍环境控制	10			
	蛋用雏鸡饲养	10			
	蛋用雏鸡舍的密度控制	5			
	初生雏鸡管理	10			
	初生雏鸡的选择与分级	5			
	雏鸡舍的卫生清洁工作	5			
	雏鸡饲料的加工调制	5			
岗位工作知识考核(30分)	蛋用雏鸡舍环境控制	10			
	蛋用雏鸡饲养	10			
	初生雏鸡管理	10			
总计		100			
总评					

任务二 蛋用育成鸡的饲养管理

1.任务设计与实施

蛋用育成鸡的饲养管理任务设计与实施表

<table>
<tr><td>任务</td><td>蛋用育成鸡的饲养管理</td><td>实施地点</td><td>校内实训基地</td></tr>
<tr><td>教学方法</td><td>多媒体教学、现场教学</td><td>课时</td><td>10</td></tr>
<tr><td>教学内容</td><td colspan="3">1.环境控制技术
2.饲养蛋用育成鸡
3.管理蛋用育成鸡
4.育成鸡的采食、排便、运动情况进行观察、判定、分析
5.清洁育成鸡舍的卫生
6.按照要求调制饲料</td></tr>
<tr><td>教学目标</td><td colspan="3">1.掌握环境控制技术
2.饲养蛋用育成鸡
3.管理蛋用育成鸡
4.培养学生合作学习、沟通交流和实验探究能力</td></tr>
<tr><td>资源准备</td><td colspan="3">电脑、投影仪、相关教学素材</td></tr>
<tr><td>预习设计</td><td colspan="3">1.育成鸡的饲喂与环境控制
2.育成鸡的管理</td></tr>
<tr><td>材料用具</td><td colspan="3">育成鸡、笼舍、温度计、湿度计等</td></tr>
<tr><td rowspan="6">学程设计、实施</td><td>教师活动</td><td>学生活动</td><td>教学策略设计</td></tr>
<tr><td>1.检查预习情况</td><td>1.学生回答问题</td><td>任务驱动</td></tr>
<tr><td>2.学生分组</td><td>2.推选组长</td><td></td></tr>
<tr><td>3.教师对育成鸡饲养管理进行讲解</td><td>3.在教师指导下学习育成鸡饲养管理相关知识</td><td>教师讲解、指导,学生学习</td></tr>
<tr><td>4.指导小组交流,完成实施方案</td><td>4.小组讨论,确定实施方案</td><td>合作学习</td></tr>
<tr><td>5.教师演示操作、巡回指导、检查</td><td>5.小组共同完成育成鸡饲养管理任务</td><td>现场指导</td></tr>
<tr><td>教学总结</td><td colspan="3">1.教师根据学生的交流情况,总结育成鸡饲养管理方法等,强调应注意的问题;根据实施情况检查对操作过程予以评价。
2.学生思考、总结小组和个人在任务实施过程中的优缺点,完成任务报告。</td></tr>
<tr><td>作业设计</td><td colspan="3">1.如何进行育成鸡的饲喂与环境控制?
2.育成鸡的管理有哪些内容?</td></tr>
</table>

2.任务学习纲要

(1)掌握环境控制技术

①控制温湿度

②控制光照

③控制噪声

(2)饲养蛋用育成鸡

①7～14 周龄育成鸡的营养及饲喂

7～14 周龄育成鸡的营养、7～14 周龄育成鸡的饲喂

②15～20 周龄育成鸡的营养及饲喂

15～20 周龄育成鸡的营养、15～20 周龄育成鸡的饲喂

③补饲沙砾

④蛋用育成鸡的换料工作

确定时间;根据体重达标情况一致性及发育情况而定;换料应循序渐进,逐渐过渡

(3)管理蛋用育成鸡

①育成鸡舍的饲养密度控制

②育成鸡的及时转群工作

③育成鸡的管理

(4)育成鸡的采食、排便、运动

(5)清洁育成鸡舍的卫生

(6)能按照要求调制饲料

3.任务考核与评价

育成鸡饲养管理考核评价表

姓名		指导教师			
班级		小组人员			
考核内容	赋分标准	分值	得分		
			教师评价（50%）	小组评价（30%）	个人评价（20%）
学习态度与职业素养（20分）	出勤情况	5			
	沟通、合作能力	10			
	学习态度	5			
任务操作技能(50分)	环境控制技术	10			
	饲养蛋用育成鸡	10			
	管理蛋用育成鸡	10			
	清洁育成鸡舍的卫生	10			
	按照要求调制饲料	10			
岗位工作知识考核（30分）	环境控制技术	10			
	饲养蛋用育成鸡	10			
	管理蛋用育成鸡	10			
总计		100			
总评					

任务三 产蛋鸡的饲养管理

1. 任务设计与实施

产蛋鸡的饲养管理任务设计与实施表

<table>
<tr><td>任务</td><td colspan="2">产蛋鸡的饲养管理</td><td>实施地点</td><td>校内实训基地</td></tr>
<tr><td>教学方法</td><td colspan="2">多媒体教学、现场教学</td><td>课时</td><td>10</td></tr>
<tr><td>教学内容</td><td colspan="4">1. 控制环境技术
2. 饲养产蛋鸡
3. 产蛋鸡的管理
4. 对产蛋鸡的采食、粪便情况进行观察分析
5. 产蛋鸡舍的清洁卫生工作
6. 产蛋鸡的饲料的加工调制</td></tr>
<tr><td>教学目标</td><td colspan="4">1. 掌握产蛋鸡饲养及控制环境技术掌握环境控制技术
2. 掌握饲养蛋用育成鸡
3. 掌握管理蛋用育成鸡
4. 培养学生合作学习、沟通交流和实验探究能力</td></tr>
<tr><td>资源准备</td><td colspan="4">电脑、投影仪、相关教学素材</td></tr>
<tr><td>预习设计</td><td colspan="4">1. 产蛋鸡的饲喂和环境控制
2. 产蛋鸡的管理</td></tr>
<tr><td>材料用具</td><td colspan="4">产蛋鸡、笼舍、温度计、湿度计等</td></tr>
<tr><td rowspan="6">学程设计、实施</td><td>教师活动</td><td colspan="2">学生活动</td><td>教学策略设计</td></tr>
<tr><td>1. 检查预习情况</td><td colspan="2">1. 学生回答问题</td><td>任务驱动</td></tr>
<tr><td>2. 学生分组</td><td colspan="2">2. 推选组长</td><td></td></tr>
<tr><td>3. 教师对产蛋鸡饲养管理进行讲解</td><td colspan="2">3. 在教师指导下学习产蛋鸡饲养管理相关知识</td><td>教师讲解、指导，学生学习</td></tr>
<tr><td>4. 指导小组交流，完成实施方案</td><td colspan="2">4. 小组讨论，确定实施方案</td><td>合作学习</td></tr>
<tr><td>5. 教师演示操作、巡回指导、检查</td><td colspan="2">5. 小组共同完成产蛋鸡饲养管理任务</td><td>现场指导</td></tr>
<tr><td>教学总结</td><td colspan="4">1. 教师根据学生的交流情况，总结产蛋鸡饲养管理方法等，强调应注意的问题；根据实施情况检查对操作过程予以评价。
2. 学生思考、总结小组和个人在任务实施过程中的优缺点，完成任务报告。</td></tr>
<tr><td>作业设计</td><td colspan="4">1. 蛋鸡饲养技术是什么？
2. 蛋鸡管理方法有哪些？</td></tr>
</table>

2.任务学习纲要

(1)控制环境技术

①控制温湿度

②控制光照

③控制噪声

(2)饲养产蛋鸡

①判定产蛋鸡的营养需要

②合理饲喂

③确定分阶段饲养

两段法、三段法

④及时调整产蛋鸡的饲养标准

(3)产蛋鸡的管理

①产蛋鸡的饲养密度控制

②维持环境条件的相对稳定

确定时间、确定次数

③产蛋高峰期的饲养管理

产蛋高峰期的鸡群可在饲料中添加油脂、电解多维等;避免各种应激因素;提供良好、清洁的环境及优质饲料

(4)产蛋鸡的采食、粪便情况进行观察分析

①采食状态观察

健康的鸡、有病的鸡

②粪便观察

(5)产蛋鸡舍的清洁卫生

(6)产蛋鸡的饲料的加工调制

3.任务考核与评价

产蛋鸡的饲养管理考核评价表

姓名		指导教师			
班级		小组人员			
考核内容	赋分标准	分值	得分		
			教师评价（50%）	小组评价（30%）	个人评价（20%）
学习态度与职业素养（20分）	出勤情况	5			
	沟通、合作能力	10			
	学习态度	5			
任务操作技能（50分）	控制环境技术	10			
	饲养产蛋鸡	10			
	产蛋鸡的管理	10			
	产蛋鸡舍的清洁卫生工作	10			
	产蛋鸡的饲料的加工调制	10			
岗位工作知识考核（30分）	控制环境技术	10			
	饲养产蛋鸡	10			
	产蛋鸡的管理	10			
总计		100			
总评					

任务四　蛋用种鸡的饲养管理

1.任务设计与实施

蛋用种鸡的饲养管理任务设计与实施表

任务	蛋用种鸡的饲养管理		实施地点	校内实训基地
教学方法	多媒体教学、现场教学		课时	10
教学内容	1.饲养管理蛋用种鸡 2.产蛋种鸡的人工强制换羽			
教学目标	1.掌握蛋用种鸡饲养管理 2.会产蛋种鸡的人工强制换羽 3.培养学生合作学习、沟通交流和实验探究能力			
资源准备	电脑、投影仪、相关教学素材			
预习设计	1.蛋用种鸡的饲养 2.蛋用种鸡的管理 3.蛋用种鸡的强制换羽的方法			
材料用具	蛋用种公鸡、种母鸡、饲料、饲养设备等			
学程设计	教师活动	学生活动		教学策略设计
	1.检查预习情况	1.学生回答问题		任务驱动
	2.学生分组	2.推选组长		
	教师对蛋用种鸡的饲养、管理进行讲解	3.在教师指导下学习蛋用种鸡的饲养、管理相关知识		教师讲解、指导，学生学习
	4.指导小组交流，完成实施方案	4.小组讨论，确定实施方案		合作学习
	5.教师演示操作、巡回指导、检查	5.小组共同完成蛋用种鸡的饲养、管理任务		现场指导
教学总结	1.教师根据学生的交流情况，总结蛋用种鸡的饲养管理方法、强制换羽的方法等，强调应注意的问题；根据实施情况检查对操作过程予以评价。 2.学生思考、总结小组和个人在任务实施过程中的优缺点，完成任务报告。			
作业设计	1.蛋用种鸡的饲养管理方法是什么？ 2.蛋用种鸡的强制换羽的方法是什么？			

2.任务学习纲要

(1)饲养管理蛋用种鸡

①合理提供蛋种鸡的营养需要

种母鸡、种公鸡、配种期

②分群管理

③剪冠、断趾、断喙

④种公鸡选择

初选、复选、终选

⑤蛋用种母鸡的选择

确定时间、操作要点

⑥蛋用种鸡的公母混群

⑦蛋用种公鸡的饲管理

加强营养和运动，确保种用体质；防止公鸡损伤；提供适宜的温度 20～25℃；每天维持 12～14 h 的光照；定期检查精液品质，及时淘汰种用价值低的公鸡

(2)产蛋种鸡的人工强制换羽

①确定操作时间

②方法

饥饿操作法、化学操作法、生物学操作法、综合操作法

3. 任务考核与评价

蛋用种鸡的饲养管理考核评价表

姓名		指导教师			
班级		小组人员			
考核内容	赋分标准	分值	得分		
			教师评价（50%）	小组评价（30%）	个人评价（20%）
学习态度与职业素养（20分）	出勤情况	5			
	沟通、合作能力	10			
	学习态度	5			
任务操作技能(50分)	饲养蛋用种鸡	20			
	管理蛋用种鸡	20			
	产蛋种鸡的人工强制换羽	10			
岗位工作知识考核（30分）	饲养蛋用种鸡	10			
	管理蛋用种鸡	10			
	产蛋种鸡的人工强制换羽	10			
总计		100			
总评					

任务五 肉用仔鸡的饲养管理

1. 任务设计与实施

肉用仔鸡的饲养管理任务设计与实施表

<table>
<tr><td>任务</td><td colspan="2">肉用仔鸡的饲养管理</td><td>实施地点</td><td>校内实训基地</td></tr>
<tr><td>教学方法</td><td colspan="2">多媒体教学、现场教学</td><td>课时</td><td>10</td></tr>
<tr><td>教学内容</td><td colspan="4">1. 肉用仔鸡的开食、饮水、饲喂工作
2. 控制环境技术
3. 初生雏鸡的选择与安置</td></tr>
<tr><td>教学目标</td><td colspan="4">1. 掌握肉用仔鸡的开食、饮水、饲喂工作
2. 会控制环境技术
3. 能选择与安置初生雏鸡
4. 培养学生合作学习、沟通交流和实验探究能力</td></tr>
<tr><td>资源准备</td><td colspan="4">电脑、投影仪、相关教学素材</td></tr>
<tr><td>预习设计</td><td colspan="4">1. 肉用仔鸡的开食、饮水、饲喂工作及控制环境技术
2. 初生雏鸡的选择与安置</td></tr>
<tr><td>材料用具</td><td colspan="4">雏鸡、饲养设备等</td></tr>
<tr><td rowspan="6">学程设计</td><td>教师活动</td><td colspan="2">学生活动</td><td>教学策略设计</td></tr>
<tr><td>1. 检查预习情况</td><td colspan="2">1. 学生回答问题</td><td>任务驱动</td></tr>
<tr><td>2. 学生分组</td><td colspan="2">2. 推选组长</td><td></td></tr>
<tr><td>3. 教师对肉用仔鸡的饲养管理进行讲解</td><td colspan="2">3. 在教师指导下学习肉用仔鸡的饲养管理相关知识</td><td>教师讲解、指导，学生学习</td></tr>
<tr><td>4. 指导小组交流，完成实施方案</td><td colspan="2">4. 小组讨论，确定实施方案</td><td>合作学习</td></tr>
<tr><td>5. 教师演示操作、巡回指导、检查</td><td colspan="2">5. 小组共同完成肉用仔鸡的饲养管理任务</td><td>现场指导</td></tr>
<tr><td>教学总结</td><td colspan="4">1. 教师根据学生的交流情况，总结肉用仔鸡的饲养管理等，强调应注意的问题；根据实施情况检查对操作过程予以评价。
2. 学生思考、总结小组和个人在任务实施过程中的优缺点，完成任务报告。</td></tr>
<tr><td>作业设计</td><td colspan="4">1. 肉用仔鸡的饲养方法是什么？
2. 肉用仔鸡的饲养管理方法有哪些？</td></tr>
</table>

2. 任务学习纲要

(1)肉用仔鸡的开食、饮水、饲喂

①开水、开食

②饮水要点

进入育雏舍稍微休息即应饮水;保持充足清洁饮水不断

③饲喂要点

自由采食;分次间断给料;雏鸡间隔 2～3 h 给料一次,每天 8～10 次,以后逐渐减少;3 周龄到出售,每天喂 5～6 次;0～4 周龄用肉用仔鸡前期料,4 周龄后用后期料

④肉用仔鸡的营养要求

维生素、矿物质、代谢能、蛋白质

(2)控制环境技术

①温湿度控制

控制温度、控制湿度

②控制光照

光照时间、光照强度

③控制产蛋鸡舍的噪声

④密度控制

地面平养密度、立体笼养密度

(3)初生雏鸡的选择与安置

①初生雏鸡的选择与分级

②初生雏鸡的安置

3.任务考核与评价

肉用仔鸡的饲养管理考核评价表

姓名		指导教师			
班级		小组人员			
考核内容	赋分标准	分值	得分		
			教师评价（50%）	小组评价（30%）	个人评价（20%）
学习态度与职业素养（20分）	出勤情况	5			
	沟通、合作能力	10			
	学习态度	5			
任务操作技能（50分）	肉用仔鸡的开食	10			
	肉用仔鸡的饮水	10			
	肉用仔鸡的饲喂工作	10			
	控制环境技术	10			
	初生雏鸡的选择	5			
	初生雏鸡的安置	5			
岗位工作知识考核（30分）	肉用仔鸡的开食、饮水、饲喂工作	10			
	控制环境技术	10			
	初生雏鸡的选择与安置	10			
总计		100			
总评					

任务六 肉用种鸡的饲养管理

1. 任务设计与实施

肉用种鸡的饲养管理任务设计与实施表

<table>
<tr><td>任务</td><td colspan="2">肉用种鸡的饲养管理</td><td>实施地点</td><td>校内实训基地</td></tr>
<tr><td>教学方法</td><td colspan="2">多媒体教学、现场教学</td><td>课时</td><td>10</td></tr>
<tr><td>教学内容</td><td colspan="4">1.肉用种鸡的选择
2.肉用种鸡的科学饲养管理</td></tr>
<tr><td>教学目标</td><td colspan="4">1.掌握肉用种鸡的选择
2.肉用种鸡的科学饲养管理
3.培养学生合作学习、沟通交流和实验探究能力</td></tr>
<tr><td>资源准备</td><td colspan="4">电脑、投影仪、相关教学素材</td></tr>
<tr><td>预习设计</td><td colspan="4">1.肉用种鸡的选择方法
2.肉用种鸡的科学饲养管理</td></tr>
<tr><td>材料用具</td><td colspan="4">肉用种鸡、饲养设备等</td></tr>
<tr><td rowspan="6">学程设计</td><td>教师活动</td><td colspan="2">学生活动</td><td>教学策略设计</td></tr>
<tr><td>1.检查预习情况</td><td colspan="2">1.学生回答问题</td><td>任务驱动</td></tr>
<tr><td>2.学生分组</td><td colspan="2">2.推选组长</td><td></td></tr>
<tr><td>3.教师对肉用种鸡的饲养管理进行讲解</td><td colspan="2">3.在教师指导下学习肉用种鸡的饲养管理相关知识</td><td>教师讲解、指导，学生学习</td></tr>
<tr><td>4.指导小组交流，完成实施方案</td><td colspan="2">4.小组讨论，确定实施方案</td><td>合作学习</td></tr>
<tr><td>5.教师演示操作、巡回指导、检查</td><td colspan="2">5.小组共同完成肉用种鸡的饲养管理任务</td><td>现场指导</td></tr>
<tr><td>教学总结</td><td colspan="4">1.教师根据学生的交流情况，总结肉用种鸡的饲养管理等，强调应注意的问题；根据实施情况检查对操作过程予以评价。
2.学生思考、总结小组和个人在任务实施过程中的优缺点，完成任务报告。</td></tr>
<tr><td>作业设计</td><td colspan="4">1.肉用种鸡的饲养方法是什么？
2.肉用种鸡如何选择？</td></tr>
</table>

2.任务学习纲要

(1)肉用种鸡的选择

①第一次选择

时间、操作要点

②第二次选择

时间、操作要点

③第三次选择

时间、操作要点

(2)肉用种鸡的科学饲养管理

①肉用种鸡的育成期饲养管理

控制生长速度;控制母鸡适时开产;降低鸡体内脂肪沉积;实行限制饲养

②肉用种鸡的预产期饲养管理

适时组群;增加光照;更换饲料;公母同栏分饲

③肉用种鸡的产蛋期饲养管理

产蛋上升期饲料量增加;产蛋高峰期饲料量维持;产蛋下降期饲料量减少

3. 任务考核与评价

肉用种鸡的饲养管理考核评价表

姓名		指导教师			
班级		小组人员			
考核内容	赋分标准	分值	得分		
			教师评价(50%)	小组评价(30%)	个人评价(20%)
学习态度与职业素养(20分)	出勤情况	5			
	沟通、合作能力	10			
	学习态度	5			
任务操作技能(50分)	肉用种鸡第一次选择	10			
	肉用种鸡第二次选择	10			
	肉用种鸡第三次选择	10			
	肉用种鸡的科学饲养	10			
	肉用种鸡的科学管理	10			
岗位工作知识考核(30分)	肉用种鸡的选择	10			
	肉用种鸡的科学饲养	10			
	肉用种鸡的科学管理	10			
总计		100			
总评					

项目六　科学养乳牛

一、学习目标要求

1. 知识目标

表 6-1　科学养乳牛知识目标

知识类别	知识范围	知识内容	要求程度
专业核心课程	犊牛的饲养管理	环境控制技术	掌握
		犊牛的饲喂	掌握
		犊牛的管理	掌握
		分析犊牛的排便、运动状态	掌握
	育成牛的饲养	控制环境	掌握
		育成牛的饲养	掌握
		根据需要科调制育成牛饲料	掌握
		分析育成牛的排便、采食反刍、嗳气运动状态	掌握
		育成牛清洁卫生	了解
	泌乳牛的饲养	环境控制技术	掌握
		泌乳牛的饲养	掌握
		根据泌乳牛生长需要合理进行饲料调制	掌握
		观察分析泌乳牛的排便、运动状态	掌握
		泌乳牛清洁卫生	掌握
	干乳牛的饲养管理	环境控制技术	掌握
		干乳牛的饲养	掌握
		根据干乳牛生长需要进行饲料调制	掌握
		观察分析干乳牛采食、反刍、嗳气、排便、运动状态	掌握
		干乳牛卫生清洁	掌握

2. 技能目标

表 6-2 科学养乳牛技能目标

技能类别	技能范围	技能内容	要求程度
犊牛的饲养管理	环境控制	犊牛舍的温度、湿度、光照、噪声等指标控制在理想范围之内	掌握
	犊牛的饲喂	1. 犊牛哺喂初乳的时间,哺喂初乳、常乳方法	掌握
		2. 犊牛补喂饲料操作的时间及方法	掌握
		3. 3～6 月龄断奶犊牛的饲养科学、合理	掌握
	犊牛的管理	1. 犊牛去角适时,去角操作规范、熟练	掌握
		2. 犊牛断奶的时间及要领掌握准确,犊牛断奶顺利	掌握
	观察犊牛表现	犊牛采食、运动及粪便状态观察仔细,病牛发现及时	掌握
	环境清洁工作	1. 牛舍清扫、冲洗彻底,牛舍卫生条件良好	掌握
		2. 犊牛刷拭操作正确、熟练,刷拭效果好,无卫生死角	掌握
育成牛的饲养	育成牛舍环境控制	育成牛舍的温度、湿度、光照及噪声控制	掌握
	育成牛的饲养	1. 饲料调整符合育成牛不同阶段的营养需要	掌握
		2. 育成牛饲喂、饮水方法正确,饲喂量掌握准确	掌握
	调制育成牛饲料	1. 青贮饲料及育成牛 TMR 全混合日粮制作技术要领掌握准确	掌握
		2. 青贮饲料制作及 TMR 全混合日粮制作操作规范、熟练	掌握
	观察育成牛	育成牛采食、运动及粪便状态观察	了解
	育成牛清洁卫生	1. 牛舍清洁工作认真、熟练	了解
		2. 牛体刷拭操作规范、熟练,刷拭效果好,无卫生死角	了解

续表 6-2

技能类别	技能范围	技能内容	要求程度
泌乳牛的饲养	控制环境	泌乳牛舍温度、湿度、光照、噪声等气象指标控制在理想范围之内	掌握
	泌乳牛的饲养	1. 不同泌乳时期泌乳牛的饲养管理要点掌握熟练	掌握
		2. 饲喂、饮水方法正确，饲料量掌握准确	掌握
	调制泌乳牛饲料	1. 青贮饲料及泌乳牛 TMR 全混合日粮制作技术要领掌握准确	掌握
		2. 青贮饲料制作及 TMR 全混合日粮制作操作规范、熟练	掌握
	观察泌乳牛表现	泌乳牛采食、反刍、粪便、精神状态观察仔细，异常变化发现及时，健康牛与病牛识别的准确率达 100%	了解
干乳牛的饲养管理	环境控制	干乳牛舍的温度、湿度、光照、噪声等指标控制在理想范围之内	掌握
	干乳牛的饲养	1. 干乳时间确定正确	掌握
		2. 逐渐干乳法及快速干乳法的技术要领导掌握准确	掌握
		3. 干乳前期、干乳后期饲养要点掌握准确	掌握
	干乳牛饲料调制	1. 青贮饲料的调制方法正确	掌握
		2. TMR 全混合日粮调制要领掌握准确	掌握
	观察干乳牛表现	干乳牛采食、反刍、粪便及精神状态情况观察仔细，健康牛及患病牛的识别率达 100%	掌握
	干乳牛清洁卫生	1. 牛舍清扫、冲洗彻底，牛舍内卫生条件良好	掌握
		2. 牛体刷拭操作规范，刷拭效果好	掌握

二、任务学程设计

任务一 犊牛的饲养管理

1.任务设计与实施

犊牛的饲养管理任务设计与实施表

任务	犊牛的饲养管理		实施地点	校内实训基地
教学方法	多媒体教学、现场教学		课时	16
教学内容	1.环境控制技术 2.犊牛的饲喂 3.犊牛的管理 4.观察分析犊牛的排便、运动状态 5.环境清洁			
教学目标	1.掌握环境控制技术 2.能喂好犊牛 3.合理对犊牛进行饲喂、管理 4.观察牛的状态 4.培养学生合作学习、沟通交流和实验探究能力			
资源准备	电脑、投影仪、相关教学素材			
预习设计	1.犊牛饲喂和环境控制 2.犊牛管理			
材料用具	犊牛、手术剪、去角器等			
学程设计	教师活动	学生活动	教学策略设计	
	1.检查预习情况	1.学生回答问题	任务驱动	
	2.学生分组	2.推选组长		
	3.教师对犊牛饲养管理进行讲解	3.在教师指导下学习犊牛相关知识	教师讲解学生学习重点、难点	
	4.指导小组交流,完成实施方案	4.小组讨论,确定实施方案	合作学习	
	5.教师演示操作、巡回指导、检查	5.小组共同完成犊牛饲养任务	现场指导	

续表

教学总结	1. 教师根据学生的交流情况，总结犊牛饲养管理方法等，强调应注意的问题；根据实施情况检查对操作过程予以评价。 2. 学生思考、总结小组和个人在任务实施过程中的优缺点，完成任务报告。
作业设计	1. 犊牛饲养管理技术是什么？ 2. 犊牛的环境控制如何？

2. 任务学习纲要

(1)掌握环境控制技术

①控制温、湿度

犊牛适宜的环境温度；犊牛适宜的相对湿度

②完成犊牛舍的光照控制

每天光照；自然光照不足，可采用人工照明

③控制噪声

白天、夜间；牛舍应远离噪声源

(2)犊牛的饲喂

①哺喂初乳

确定时间、操作要点

②哺喂常乳

确定时间、操作要点

③补喂饲料

确定时间、操作要点

④3～6 月龄断奶犊牛的饲养

粗蛋白、日增重、青贮饲料

(3)犊牛的管理

①犊牛去角

确定时间、操作要点

②犊牛断奶

时间、操作要点

(4)观察分析犊牛的排便、运动状态

①观察排便

正常粪便、不正常粪便

②观察运动状态

健康犊牛、患病犊牛

(5)环境清洁工作

①牛舍卫生清洁

清扫冲洗、保持床位干燥

②独立刷拭牛体

时间、操作要点

3. 任务考核与评价

犊牛的饲养管理考核评价表

姓名		指导教师			
班级		小组人员			
考核内容	赋分标准	分值	得分		
			教师评价(50%)	小组评价(30%)	个人评价(20%)
学习态度与职业素养(20分)	出勤情况	5			
	沟通、合作能力	10			
	学习态度	5			
任务操作技能(50分)	犊牛环境控制技术	10			
	犊牛的饲喂	10			
	犊牛的管理	10			
	观察分析犊牛的排便、运动状态	10			
	犊牛的环境清洁	10			
岗位工作知识考核(30分)	犊牛环境控制技术	10			
	犊牛的饲喂	10			
	犊牛的管理	10			
总计		100			
总评					

任务二　育成牛的饲养管理

1. 任务设计与实施

育成牛的饲养管理任务设计与实施表

<table>
<tr><td>任务</td><td>育成牛的饲养管理</td><td>实施地点</td><td>校内实训基地</td></tr>
<tr><td>教学方法</td><td>多媒体教学、现场教学</td><td>课时</td><td>14</td></tr>
<tr><td>教学内容</td><td colspan="3">1. 环境控制技术
2. 喂好育成牛
3. 根据需要科学调制育成牛饲料
4. 观察分析育成牛的排便、采食反刍、嗳气运动状态
5. 育成牛清洁卫生</td></tr>
<tr><td>教学目标</td><td colspan="3">1. 掌握环境控制技术
2. 喂好育成牛
3. 合理对育成牛进行管理
4. 培养学生合作学习、沟通交流和实验探究能力</td></tr>
<tr><td>资源准备</td><td colspan="3">电脑、投影仪、相关教学素材</td></tr>
<tr><td>预习设计</td><td colspan="3">1. 育成牛饲喂和环境控制
2. 调制育成牛饲料</td></tr>
<tr><td>材料用具</td><td colspan="3">育成牛、饲料等</td></tr>
<tr><td rowspan="6">学程设计</td><td>教师活动</td><td>学生活动</td><td>教学策略设计</td></tr>
<tr><td>1. 检查预习情况</td><td>1. 学生回答问题</td><td>任务驱动</td></tr>
<tr><td>2. 学生分组</td><td>2. 推选组长</td><td></td></tr>
<tr><td>3. 教师对育成牛饲养管理进行讲解</td><td>3. 在教师指导下学习育成牛相关知识</td><td>教师讲解、指导，学生学习</td></tr>
<tr><td>4. 指导小组交流，完成实施方案</td><td>4. 小组讨论，确定实施方案</td><td>合作学习</td></tr>
<tr><td>5. 教师演示操作、巡回指导、检查</td><td>5. 小组共同完成育成牛饲养、管理任务</td><td>现场指导</td></tr>
<tr><td>教学总结</td><td colspan="3">1. 教师根据学生的交流情况，总结育成牛饲养管理方法等，强调应注意的问题；根据实施情况检查对操作过程予以评价。
2. 学生思考、总结小组和个人在任务实施过程中的优缺点，完成任务报告。</td></tr>
<tr><td>作业设计</td><td colspan="3">1. 如何对育成牛进行饲养、管理？
2. 育成牛饲料如何调制？</td></tr>
</table>

2.任务学习纲要

(1)环境控制技术

①控制育成牛舍的温湿度

控制温度、控制相对湿度、冬季疫保

②控制育成牛舍的光照

控制时间、控制强度

③控制育成牛舍的噪声

控制强度、控制声源

(2)育成牛的饲养

①饲养7月龄至配种前育成牛

选用日粮、控制膘情

②饲养配种后至产前21天育成牛

选择饲料、控制质量

(3)科学调制育成牛饲料

①制作青贮饲料

适时收割、适当切碎;调节水分含量;窖、压实;封窖

②会制作TMR全混合日粮

装填饲料;安排装填顺序;控制装填量;控制搅拌时间

(4)育成牛的排便、采食反刍、嗳气运动状态

①观察采食情况

观察采食量;观察食欲;观察异食癖

②观察反刍、嗳气

反刍、嗳气、反刍和嗳气的变化

③观察排便

正常粪便、异常粪便

④观察运动状态

健康牛;休息时通常有两种姿势;夏季;患病牛

(5)育成牛清洁卫生

①牛舍清洁处理

牛舍、运动场

②进行牛体刷拭

刷拭时间、刷拭操作要点

3. 任务考核与评价

育成牛的饲养管理考核评价表

姓名		指导教师			
班级		小组人员			
考核内容	赋分标准	分值	得分		
			教师评价（50%）	小组评价（30%）	个人评价（20%）
学习态度与职业素养（20分）	出勤情况	5			
	沟通、合作能力	10			
	学习态度	5			
任务操作技能（50分）	育成牛环境控制技术	10			
	喂好育成牛	10			
	科学调制育成牛饲料	10			
	分析育成牛的排便、采食反刍、嗳气	10			
	育成牛清洁卫生	10			
岗位工作知识考核（30分）	育成牛环境控制技术	10			
	喂好育成牛	10			
	科学调制育成牛饲料	10			
总计		100			
总评					

任务三　泌乳牛的饲养管理

1.任务设计与实施

泌乳牛的饲养管理任务设计与实施表

任务	泌乳牛的饲养管理	实施地点	校内实训基地
教学方法	多媒体教学、现场教学	课时	16
教学内容	1.环境控制技术 2.泌乳牛的饲养 3.根据泌乳牛生长需要合理进行饲料调制 4.观察分析泌乳牛的排便、运动状态 5.泌乳牛清洁卫生		
教学目标	1.掌握环境控制技术 2.能喂好泌乳牛 3.合理对进行泌乳牛饲料调制 4.培养学生合作学习、沟通交流和实验探究能力		
资源准备	电脑、投影仪、相关教学素材		
预习设计	1.泌乳牛饲喂和环境控制 2.泌乳牛饲料调制		
材料用具	泌乳牛、相关饲料、饲料调制设备等		
学程设计	教师活动	学生活动	教学策略设计
	1.检查预习情况	1.学生回答问题	任务驱动
	2.学生分组	2.推选组长	
	3.教师对泌乳牛的饲养管理进行讲解	3.在教师指导下学习泌乳牛的饲养相关知识	教师讲解、指导,学生学习
	4.指导小组交流,完成实施方案	4.小组讨论,确定实施方案	合作学习
	5.教师演示操作、巡回指导、检查	5.小组共同完成泌乳牛的饲养任务	现场指导
教学总结	1.教师根据学生的交流情况,总结泌乳牛的饲养管理方法等,强调应注意的问题;根据实施情况检查对操作过程予以评价。 2.学生思考、总结小组和个人在任务实施过程中的优缺点,完成任务报告。		
作业设计	1.泌乳牛的饲养技术是什么? 2.泌乳牛的饲料如何调制?		

2. 任务学习纲要

(1)环境控制技术

①控制温、湿度

控制温度、控制湿度

②控制光照

自然光照、人工照明

③控制噪声

白天、夜间;远离噪声源、建立绿化隔离带

(2)泌乳牛的饲养

①做好泌乳初期的饲养管理

确定关键时间;饲养管理操作要点

②会饲养泌乳盛期奶牛

时间确定;饲养管理操作要点

③能饲养泌乳中期泌乳母牛

确定时间;饲养管理操作要点

④能饲养泌乳末期母牛

确定时间;饲养管理操作要点

(3)泌乳牛饲料调制

①青贮饲料加工调制

②TMR 全混合日粮的制作

③排便观察

奶牛的正常粪便;奶牛的非正常粪便

④运动状态观察

(4)泌乳牛清洁卫生

①牛舍卫生清洁

牛舍、运动场

②牛体刷拭

3. 任务考核与评价

泌乳牛的饲养管理考核评价表

姓名		指导教师			
班级		小组人员			
考核内容	赋分标准	分值	得分		
			教师评价（50%）	小组评价（30%）	个人评价（20%）
学习态度与职业素养（20分）	出勤情况	5			
	沟通、合作能力	10			
	学习态度	5			
任务操作技能（50分）	环境控制技术	10			
	泌乳牛的饲养	10			
	泌乳饲料调制	10			
	观察分析泌乳牛的排便、运动状态	10			
	泌乳牛清洁卫生	10			
岗位工作知识考核（30分）	环境控制技术	10			
	泌乳牛的饲养	10			
	泌乳牛饲料调制	10			
总计		100			
总评					

任务四 干乳牛的饲养管理

1.任务设计与实施

干乳牛的饲养管理任务设计与实施表

<table>
<tr><td>任务</td><td colspan="2">干乳牛的饲养管理</td><td>实施地点</td><td>校内实训基地</td></tr>
<tr><td>教学方法</td><td colspan="2">多媒体教学、现场教学</td><td>课时</td><td>14</td></tr>
<tr><td>教学内容</td><td colspan="4">1.环境控制技术
2.干乳牛的饲养
3.根据干乳牛营养需要进行饲料调制
4.观察分析干乳牛采食、反刍、嗳气、排便、运动状态
5.干乳牛卫生清洁</td></tr>
<tr><td>教学目标</td><td colspan="4">1.掌握环境控制技术
2.能喂好干乳牛
3.合理根据干乳牛营养需要进行饲料调制
4.培养学生合作学习、沟通交流和实验探究能力</td></tr>
<tr><td>资源准备</td><td colspan="4">电脑、投影仪、相关教学素材</td></tr>
<tr><td>预习设计</td><td colspan="4">1.干乳牛饲喂和环境控制
2.根据干乳牛营养需要进行饲料调制</td></tr>
<tr><td>材料用具</td><td colspan="4">干乳牛、饲料、饲料加工机械等</td></tr>
<tr><td rowspan="6">学程设计</td><td>教师活动</td><td colspan="2">学生活动</td><td>教学策略设计</td></tr>
<tr><td>1.检查预习情况</td><td colspan="2">1.学生回答问题</td><td>任务驱动</td></tr>
<tr><td>2.学生分组</td><td colspan="2">2.推选组长</td><td></td></tr>
<tr><td>3.教师对干乳牛饲养管理进行讲解</td><td colspan="2">3.在教师指导下学习干乳牛饲养管理相关知识</td><td>教师讲解、指导，学生学习</td></tr>
<tr><td>4.指导小组交流，完成实施方案</td><td colspan="2">4.小组讨论，确定实施方案</td><td>合作学习</td></tr>
<tr><td>5.教师演示操作、巡回指导、检查</td><td colspan="2">5.小组共同完成干乳牛饲养管理任务</td><td>现场指导</td></tr>
<tr><td>教学总结</td><td colspan="4">1.教师根据学生的交流情况，总结干乳牛饲养管理等知识，强调应注意的问题；根据实施情况检查对操作过程予以评价。
2.学生思考、总结小组和个人在任务实施过程中的优缺点，完成任务报告。</td></tr>
<tr><td>作业设计</td><td colspan="4">1.如何对干乳牛进行饲养管理？
2.干乳牛饲料如何调制？</td></tr>
</table>

2. 任务学习纲要

(1)环境控制技术

①能控制温、湿度

干乳牛适宜的环境温度;干乳牛适宜的相对湿度;冬季、夏季

②独立进行光照控制

自然光照;人工照明

③能独立完成干乳牛舍的噪声控制

白天、夜间;远离噪声源、建立绿化隔离带

(2)干乳牛的饲养

①干乳操作

确定时间;操作要点

②干乳前期的饲养

确定时间;操作要点

③干乳后期的饲养

确定时间;操作要点

(3)干乳牛饲料调制

①青贮饲料调制

②能独立制作 TMR 全混合日粮

(4)干乳牛采食、反刍、嗳气、排便、运动状态

①观察采食情况

健康牛;患病牛;异食现象

②观察反刍、嗳气

反刍;嗳气

③观察排便

正常粪便;不正常粪便

④观察运动状态

健康牛;休息时通常有两种姿势;夏季;患病牛

(5)干乳牛卫生清洁

①牛舍卫生清洁

牛舍、运动场

②牛体刷拭

时间;操作要点

3.任务考核与评价

干乳牛的饲养管理考核评价表

<table>
<tr><td>姓名</td><td colspan="2">指导教师</td><td colspan="3"></td></tr>
<tr><td>班级</td><td colspan="2">小组人员</td><td colspan="3"></td></tr>
<tr><td rowspan="2">考核内容</td><td rowspan="2">赋分标准</td><td rowspan="2">分值</td><td colspan="3">得分</td></tr>
<tr><td>教师评价（50%）</td><td>小组评价（30%）</td><td>个人评价（20%）</td></tr>
<tr><td rowspan="3">学习态度与职业素养（20分）</td><td>出勤情况</td><td>5</td><td></td><td></td><td></td></tr>
<tr><td>沟通、合作能力</td><td>10</td><td></td><td></td><td></td></tr>
<tr><td>学习态度</td><td>5</td><td></td><td></td><td></td></tr>
<tr><td rowspan="5">任务操作技能(50分)</td><td>环境控制技术</td><td>10</td><td></td><td></td><td></td></tr>
<tr><td>干乳牛的饲养</td><td>10</td><td></td><td></td><td></td></tr>
<tr><td>干乳牛饲料调制</td><td>10</td><td></td><td></td><td></td></tr>
<tr><td>观察分析干乳牛采食、反刍、嗳气、排便、运动状态</td><td>10</td><td></td><td></td><td></td></tr>
<tr><td>干乳牛卫生清洁</td><td>10</td><td></td><td></td><td></td></tr>
<tr><td rowspan="3">岗位工作知识考核（30分）</td><td>环境控制技术</td><td>10</td><td></td><td></td><td></td></tr>
<tr><td>干乳牛的饲养</td><td>10</td><td></td><td></td><td></td></tr>
<tr><td>干乳牛饲料调制</td><td>10</td><td></td><td></td><td></td></tr>
<tr><td>总计</td><td></td><td>100</td><td></td><td></td><td></td></tr>
<tr><td>总评</td><td colspan="5"></td></tr>
</table>

项目七　畜禽繁殖

一、学习目标要求

1. 知识目标

表 7-1　畜禽繁殖知识目标

知识类别	知识范围	知识内容	要求程度
专业核心课程	鸡的繁殖	鸡的采精	掌握
		鸡的输精	掌握
		鸡精液品质检查	掌握
	牛的繁殖	母牛发情鉴定	掌握
		采精技术	掌握
		精液品质检查技术	掌握
		输精技术	掌握

2. 技能目标

表 7-2　畜禽繁殖技术目标

技能类别	技能范围	技能内容	要求程度
禽（鸡）的繁殖	鸡的采精	1. 鸡的保定及消毒方法正确	掌握
		2. 采精操作动作熟练、连贯	掌握
	鸡精液品质检查	1. 精液数量读取准确	掌握
		2. 精子密度检查方法正确，分级合理	掌握
		3. 精子活力检查操作规范，精子活力评分正确	掌握

续表 7-2

技能类别	技能范围	技能内容	要求程度
禽（鸡）的繁殖	鸡的输精准备	1. 输精器具、用品准备齐全	掌握
		2. 输精时间、输精间隔时间及输精量掌握准确	掌握
		3. 选择的母鸡符合输精要求	掌握
	鸡的输精操作	1. 抓鸡、保定鸡方法正确、动作熟练	掌握
		2. 输精操作熟练，技术要领掌握准确	掌握
		3. 输精效果好，精液不倒流	掌握
牛的繁殖	母牛发情鉴定外部观察与试情	1. 母牛发情特点掌握准确	了解
		2. 母牛发情表现观察细心，对母牛所处的发情期判断准确	了解
	母牛发情鉴定阴道检查法	1. 母牛保定确实	掌握
		2. 母牛外阴消毒方法正确、动作熟练	了解
		3. 阴道检查操作熟练、规范，发情时期判断准确	掌握
	母牛发情鉴定直肠检查法	1. 母牛保定确实	掌握
		2. 输精前自身准备充分	掌握
		3. 直肠检查操作规范、熟练，对卵泡的发育时期判断准确	掌握
	牛的输精 输精前准备工作	1. 器具准备齐全，清洗、消毒彻底	掌握
		2. 母牛保定牛确实、消毒方法正确	了解
		3. 输精前自身准备充分。	了解
		4. 精液解冻及精液品质检查方法正确、操作熟练	掌握
	输精操作	1. 输精操作规范、熟练。	掌握
		2. 输精时间、部位及输精量掌握准确	掌握

二、任务学程设计

任务一　鸡的繁殖

1.任务设计与实施

鸡的繁殖任务设计与实施表

任务	鸡的繁殖	实施地点	校内实训基地
教学方法	多媒体教学、现场教学	课时	30
教学内容	1.鸡的采精技术 2.鸡精液品质检查 3.鸡的输精技术		
教学目标	1.熟练掌握鸡的采精技术 2.能准确、快速进行精液品质检查 3.熟练进行输精操作 4.培养学生合作学习、沟通交流和实验探究能力		
资源准备	电脑、投影仪、相关教学素材		
预习设计	1.鸡的采精技术 2.精液品质检查 3.鸡的输精技术		
材料用具	种公鸡、种母鸡、集精管、显微镜等		
学程设计	教师活动	学生活动	教学策略设计
	1.检查预习情况	1.学生回答问题	任务驱动
	2.学生分组	2.推选组长	
	3.教师对鸡繁殖进行讲解	3.在教师指导下学习鸡繁殖相关知识	教师讲解、指导,学生学习
	4.指导小组交流,完成实施方案	4.小组讨论,确定实施方案	合作学习
	5.教师演示操作、巡回指导、检查	5.小组共同完成鸡繁殖任务	现场指导
教学总结	1.教师根据学生的交流情况,总结鸡繁殖相关知识等,强调应注意的问题;根据实施情况检查对操作过程予以评价。 2.学生思考、总结小组和个人在任务实施过程中的优缺点,完成任务报告。		
作业设计	1.鸡采精操作步骤有哪些? 2.鸡精液品质检查项目及操作方法是什么? 3.鸡输精操作方法有哪些?		

2.任务学习纲要

(1)采精操作

①采精的准备

鸡的保定;消毒

②采精

保定采精杯;安抚公鸡;按摩;采精

(2)精液品质检查

①精液数量检查

②精液密度检查

密、中、稀

③精子活力检查

平板压片法、悬滴法

(3)鸡的输精

①输精前准备工作

输精母鸡的选择;输精器具及用品准备;确定输精时间;确定输精量

②鸡的输精

抓鸡、保定、输精、防止精液倒流

3.任务考核与评价

鸡繁殖操作考核评价表

姓名		指导教师			
班级		小组人员			
考核内容	赋分标准	分值	得分		
			教师评价(50%)	小组评价(30%)	个人评价(20%)
学习态度与职业素养(20分)	出勤情况	5			
	沟通、合作能力	10			
	学习态度	5			
任务操作技能(50分)	鸡的采精技术	20			
	鸡精液品质检查	10			
	鸡的输精技术	20			
岗位工作知识考核(30分)	鸡的采精技术	10			
	鸡精液品质检查	10			
	鸡的输精技术	10			
总计		100			
总评					

任务二 牛的繁殖

1. 任务设计与实施

牛的繁殖任务设计与实施表

<table>
<tr><td>任务</td><td colspan="2">牛的繁殖</td><td>实施地点</td><td>校内实训基地</td></tr>
<tr><td>教学方法</td><td colspan="2">多媒体教学、现场教学</td><td>课时</td><td>30</td></tr>
<tr><td>教学内容</td><td colspan="4">1. 母牛发情鉴定
2. 牛的输精</td></tr>
<tr><td>教学目标</td><td colspan="4">1. 掌握母牛发情鉴定的方法，准确判断母牛发情
2. 熟练进行牛的输精操作
3. 培养学生合作学习、沟通交流和实验探究能力</td></tr>
<tr><td>资源准备</td><td colspan="4">电脑、投影仪、相关教学素材</td></tr>
<tr><td>预习设计</td><td colspan="4">1. 母牛发情鉴定
2. 牛的输精操作</td></tr>
<tr><td>材料用具</td><td colspan="4">发情母牛、开膣器、输精器等</td></tr>
<tr><td rowspan="6">学程设计</td><td>教师活动</td><td colspan="2">学生活动</td><td>教学策略设计</td></tr>
<tr><td>1. 检查预习情况</td><td colspan="2">1. 学生回答问题</td><td>任务驱动</td></tr>
<tr><td>2. 学生分组</td><td colspan="2">2. 推选组长</td><td></td></tr>
<tr><td>3. 教师对牛繁殖进行讲解</td><td colspan="2">3. 在教师指导下学习牛繁殖相关知识</td><td>教师讲解、指导，学生学习</td></tr>
<tr><td>4. 指导小组交流，完成实施方案</td><td colspan="2">4. 小组讨论，确定实施方案</td><td>合作学习</td></tr>
<tr><td>5. 教师演示操作、巡回指导、检查</td><td colspan="2">5. 小组共同完成牛的繁殖操作任务</td><td>现场指导</td></tr>
<tr><td>教学总结</td><td colspan="4">1. 教师根据学生的交流情况，总结牛繁殖的相关知识等，强调应注意的问题；根据实施情况检查对操作过程予以评价。
2. 学生思考、总结小组和个人在任务实施过程中的优缺点，完成任务报告。</td></tr>
<tr><td>作业设计</td><td colspan="4">1. 母牛发情鉴定的方法是什么？
2. 牛的输精操作如何进行？</td></tr>
</table>

2. 任务学习纲要

(1)母牛发情鉴定

①观察母牛发情

观察发情初期;观察发情盛期;观察发情后期;观察发情末期

②阴道检查法

保定母牛;消毒外阴;插入开膣器;阴道观察

③直肠检查法

保定母牛;术者准备;入手检查;卵泡发育

(2)输精

①输精前的准备

输精器具准备;母牛准备;输精人员的准备;精液准备

②输精操作

保定母牛;掏出宿粪;插入输精器;输精;注意事项

3. 任务考核与评价

牛的繁殖操作考核评价表

姓名		指导教师			
班级		小组人员			
考核内容	赋分标准	分值	得分		
			教师评价(50%)	小组评价(30%)	个人评价(20%)
学习态度与职业素养(20分)	出勤情况	5			
	沟通、合作能力	10			
	学习态度	5			
任务操作技能(50分)	外部观察法鉴定发情	15			
	直肠检查法鉴定发情	15			
	直肠把握子宫颈输精	20			
岗位工作知识考核(30分)	发情鉴定方法	10			
	输精准备	10			
	输精操作	10			
总计		100			
总评					

项目八　疫病防治

一、学习目标要求

1. 知识目标

表 8-1　疫病防治知识目标

知识类别	知识范围	知识内容	要求程度
专业核心课程	鸡病防治	免疫接种	掌握
		卫生消毒	掌握
		鸡病治疗	掌握
	牛病防治	免疫接种	掌握
		卫生消毒	掌握
		牛群的检疫工作	掌握

2. 技能目标

表 8-2　疫病防治技能目标

技能类别	技能范围	技能内容	要求程度
鸡病防治	免疫接种 选择接种途径	1. 免疫接种途径及部位	掌握准确
		2. 滴鼻、点眼、皮下注射、肌肉注射	操作熟练准确
		3. 饮水免疫、气雾免疫方法正确。疫苗用量及稀释浓度适当	操作熟练
		4. 刺种	操作规范、熟练
	免疫接种 常见鸡病免疫	1. 鸡新城疫、鸡马立克氏病及鸡传染性法氏囊病疫苗选择正确	疫苗选择正确
		2. 鸡新城疫、鸡马立克氏病及鸡传染性法氏囊病免疫时间掌握准确，操作规范、熟练免疫	操作规范、熟练

续表 8-2

技能类别	技能范围	技能内容	要求程度
鸡病防治	卫生消毒 环境消毒	进鸡前鸡舍五步消毒程序掌握正确	掌握准确
	卫生消毒 人员消毒	1.饲养员进入饲养场生产区的消毒程序掌握准确	掌握准确
		2.进入生产区时个人消毒方法正确	方法正确
	卫生消毒 用具消毒	1.饮水器、料槽清洗及消毒程序掌握准确	掌握准确
		2.医疗器械消毒方法正确	方法正确
	卫生消毒 带鸡消毒	带鸡消毒方法正确,操作熟练	操作熟练
	卫生消毒 熏蒸消毒	1.熏蒸消毒药物用量及配制方法正确	方法正确
		2.孵化器、种蛋、仓库的熏蒸消毒方法正确、操作熟练	操作熟练
	鸡病治疗 徒手保定	1.徒手保定适用范围掌握准确	掌握准确
		2.徒手保定操作方法正确	操作正确
	鸡病治疗 注射处置	1.注射部位判定正确	操作正确
		2.肌肉注射操作熟练、规范	操作熟练、规范
牛病防治	免疫接种 接种途径	1.接种部位判定准确	操作正确
		2.皮下注射、肌肉注射接种操作熟练,技术要领掌握准确	操作正确
	免疫接种 常见牛病的免疫	1.口蹄疫、布鲁氏菌病免疫程序掌握准确	操作正确
		2.疫苗选择正确,免疫接种操作熟练	操作熟练
	卫生消毒	1.环境及用具消毒方法正确,消毒药配制浓度符合消毒要求	方法正确
	牛群的检疫 奶牛结核病检疫	1.结核菌素皮内注射部位正确、操作规范,结果判定正确	操作规范
		2.点眼检疫操作熟练、规范,结果判定正确	操作熟练、规范
		3.对检测结果为阳性的奶牛及其所在饲养场地处理方法正确	方法正确

续表 8-2

技能类别	技能范围	技能内容	要求程度
牛病防治	牛群的检疫 奶牛结核病检疫	1. 结核菌素皮内注射部位正确、操作规范,结果判定正确	操作规范
		2. 点眼检疫操作熟练、规范,结果判定正确	操作熟练、规范
		3. 对检测结果为阳性的奶牛及其所在饲养场地处理方法正确	方法正确
	牛群的检疫 布鲁氏菌病检疫	1. 虎红平板凝集试验及全乳环状试验操作规范,试验结果判定准确	判定准确
		2. 对检测结果为阳性的奶牛处理方法正确	方法正确
	保定各类牛 徒手保定	徒手保定牛操作熟练	操作熟练
	保定各类牛 牛鼻钳保定	1. 牛鼻钳保定的适用范围正确掌握	掌握正确
		2. 牛鼻钳保定牛操作熟练、规范	操作熟练、规范
	保定各类牛 两后肢保定	1. 两后肢保定法的操作要领及适用范围准确掌握	掌握准确
		2. 两后肢保定牛操作规范,人畜安全得到保证	操作规范
	保定各类牛 柱栏保定	1. 柱栏保定法的种类及适用范围正确掌握	掌握正确
		2. 二柱栏保定及六柱栏保定牛操作较熟练、技术要领掌握准确	掌握正确
	保定各类牛 倒卧保定	1. 倒卧保定牛的操作规程及适用范围掌握准确	掌握正确
		2. 倒卧保定操作熟练、规范,与另一保定人配合默契	操作熟练、规范
	牛的常见病处理 投药处置	1. 口服法给药用药剂量掌握准确,药物与饲料(饮水)混合均匀	掌握正确
		2. 口腔投药、胃管投药、灌肠给药操作规范熟练,技术要领掌握准确	掌握准确
	牛的常见病处理 注射处置	1. 皮下注射、肌肉注射、静脉注射部位掌握熟练	掌握熟练
		2. 注射部位消毒方法正确,皮下注射、肌肉注射、静脉注射操作熟练,技术要点掌握准确	掌握准确
	牛的常见病处理 简单的外科处置	1. 创围及创面清洁方法正确,操作熟练,对动物无二次伤害	操作熟练
		2. 蹄部包扎程序掌握准确	掌握准确

二、任务学程设计

任务一 鸡病防治

1. 任务设计与实施

鸡病防治任务设计与实施表

<table>
<tr><td>任务</td><td colspan="2">鸡病防治</td><td>实施地点</td><td>校内实训基地</td></tr>
<tr><td>教学方法</td><td colspan="2">多媒体教学、现场教学</td><td>课时</td><td>30</td></tr>
<tr><td>教学内容</td><td colspan="4">1. 鸡的免疫接种
2. 鸡的卫生消毒
3. 鸡病治疗</td></tr>
<tr><td>教学目标</td><td colspan="4">1. 熟练掌握鸡病治疗
2. 能准确、快速进行鸡的免疫接种
3. 熟练进行卫生消毒
4. 培养学生合作学习、沟通交流和实验探究能力</td></tr>
<tr><td>资源准备</td><td colspan="4">电脑、投影仪、相关教学素材</td></tr>
<tr><td>预习设计</td><td colspan="4">1. 鸡的免疫接种方法
2. 不同情况下鸡舍的卫生消毒
3. 常见鸡病治疗</td></tr>
<tr><td>材料用具</td><td colspan="4">鸡群、各种疫苗、各种消毒药品、注射器等</td></tr>
<tr><td rowspan="6">学程设计</td><td>教师活动</td><td colspan="2">学生活动</td><td>教学策略设计</td></tr>
<tr><td>1. 检查预习情况</td><td colspan="2">1. 学生回答问题</td><td>任务驱动</td></tr>
<tr><td>2. 学生分组</td><td colspan="2">2. 推选组长</td><td></td></tr>
<tr><td>3. 教师对鸡病防治进行讲解</td><td colspan="2">3. 在教师指导下学习鸡病防治相关知识</td><td>教师讲解、指导，学生学习</td></tr>
<tr><td>4. 指导小组交流，完成实施方案</td><td colspan="2">4. 小组讨论，确定实施方案</td><td>合作学习</td></tr>
<tr><td>5. 教师演示操作、巡回指导、检查</td><td colspan="2">5. 小组共同完成鸡病防治任务</td><td>现场指导</td></tr>
<tr><td>教学总结</td><td colspan="4">1. 教师根据学生的交流情况，总结鸡病防治相关知识等，强调应注意的问题；根据实施情况检查对操作过程予以评价。
2. 学生思考、总结小组和个人在任务实施过程中的优缺点，完成任务报告。</td></tr>
<tr><td>作业设计</td><td colspan="4">1. 鸡的免疫接种方法有哪些？
2. 如何进行不同情况下鸡舍的卫生消毒？
3. 常见鸡病如何治疗？</td></tr>
</table>

2.任务学习纲要

(1)接种途径

①滴鼻、点眼

②皮下注射

③肌肉注射

④饮水免疫

⑤气雾免疫接种

⑥刺种

(2)常见鸡病的免疫

①新城疫免疫

选择疫苗;免疫操作

②马立克氏病免疫

选择疫苗;免疫操作

③传染性法氏囊病免疫

选择疫苗;免疫操作

(3)卫生消毒

①环境消毒

进鸡前消毒;鸡舍消毒;场区消毒

②人员消毒

更衣;人员定岗;隔离

③用具消毒

消毒饮水器和料槽;消毒医疗器械

④带鸡消毒

⑤熏蒸消毒

适用范围;操作步骤

(4)鸡病治疗

①徒手保定鸡

适用范围;操作方法

②注射处置

确定注射部位;操作要点

3.任务考核与评价

鸡病防治操作考核评价表

姓名		指导教师			
班级		小组人员			
考核内容	赋分标准	分值	得分		
			教师评价（50%）	小组评价（30%）	个人评价（20%）
学习态度与职业素养（20分）	出勤情况	5			
	沟通、合作能力	10			
	学习态度	5			
任务操作技能（50分）	滴鼻、点眼	5			
	皮下注射	5			
	饮水免疫	5			
	刺种	5			
	新城疫免疫	5			
	传染性法氏囊病免疫	5			
	环境消毒	5			
	带鸡消毒	5			
	熏蒸消毒	5			
	注射处置	5			
岗位工作知识考核（30分）	接种途径	10			
	卫生消毒方法	10			
	常见鸡病治疗	10			
总计		100			
总评					

任务二 牛病防治

1.任务设计与实施

牛病防治任务设计与实施表

<table>
<tr><td>任务</td><td colspan="2">牛病防治</td><td>实施地点</td><td>校内实训基地</td></tr>
<tr><td>教学方法</td><td colspan="2">多媒体教学、现场教学</td><td>课时</td><td>30</td></tr>
<tr><td>教学内容</td><td colspan="4">1.免疫接种
2.卫生消毒
3.牛群的检疫工作
4.保定各类牛
5.牛的常见病</td></tr>
<tr><td>教学目标</td><td colspan="4">1.掌握牛的常见病,准确诊断牛的常见病
2.熟练进行牛的免疫接种
3.会对牛群进行检疫工作
4.培养学生合作学习、沟通交流和实验探究能力</td></tr>
<tr><td>资源准备</td><td colspan="4">电脑、投影仪、相关教学素材</td></tr>
<tr><td>预习设计</td><td colspan="4">1.牛的常见病
2.牛的免疫接种和检疫工作</td></tr>
<tr><td>材料用具</td><td colspan="4">牛群、各种疫苗、接种器械、常见药品等</td></tr>
<tr><td rowspan="6">学程设计、实施</td><td>教师活动</td><td>学生活动</td><td colspan="2">教学策略设计</td></tr>
<tr><td>1.检查预习情况</td><td>1.学生回答问题</td><td colspan="2">任务驱动</td></tr>
<tr><td>2.学生分组</td><td>2.推选组长</td><td colspan="2"></td></tr>
<tr><td>3.教师对牛病防治进行讲解</td><td>3.在教师指导下学习牛病防治相关知识</td><td colspan="2">教师讲解、指导,学生学习</td></tr>
<tr><td>4.指导小组交流,完成实施方案</td><td>4.小组讨论,确定实施方案</td><td colspan="2">合作学习</td></tr>
<tr><td>5.教师演示操作、巡回指导、检查</td><td>5.小组共同完成牛病防治操作任务</td><td colspan="2">现场指导</td></tr>
<tr><td>教学总结</td><td colspan="4">1.教师根据学生的交流情况,总结牛病防治的相关知识等,强调应注意的问题;根据实施情况检查对操作过程予以评价。
2.学生思考、总结小组和个人在任务实施过程中的优缺点,完成任务报告。</td></tr>
<tr><td>作业设计</td><td colspan="4">1.牛的常见病如何防治?
2.牛的免疫接种方法有哪些?</td></tr>
</table>

2. 任务学习纲要

(1)接种方法

①皮下注射

注射部位;操作要点

②肌肉注射

注射部位;操作要点

(2)常见牛病的免疫

①口蹄疫免疫

疫苗选择;免疫程序

②布鲁氏菌病免疫

(3)卫生消毒

(4)牛群的检疫

①奶牛结核病检疫

皮内注射法;点眼法

②布鲁氏菌病检疫

虎红平板凝集试验;全乳环状试验

(5)保定各类牛

①徒手保定牛方法

选用范围;操作方法

②鼻钳保定牛方法

选用范围;操作方法;注意事项

③两后肢保定牛方法

适用范围;操作方法

④柱栏保定牛方法

适用范围;分类;操作方法

⑤倒卧保定牛方法

适用范围;操作方法

(6)处理牛的常见病

①投药方法

口服法;口腔投药;胃管投药法;灌肠给药法

②注射处置

肌肉注射;皮下注射;静脉注射

③简单的外科处置

创围清洁;创面清洗

3.任务考核与评价

牛病防治操作考核评价表

<table>
<tr><td>姓名</td><td></td><td>指导教师</td><td colspan="3"></td></tr>
<tr><td>班级</td><td></td><td>小组人员</td><td colspan="3"></td></tr>
<tr><td rowspan="2">考核内容</td><td rowspan="2">赋分标准</td><td rowspan="2">分值</td><td colspan="3">得分</td></tr>
<tr><td>教师评价
(50%)</td><td>小组评价
(30%)</td><td>个人评价
(20%)</td></tr>
<tr><td rowspan="3">学习态度
与职业素养
(20 分)</td><td>出勤情况</td><td>5</td><td></td><td></td><td></td></tr>
<tr><td>沟通、合作能力</td><td>10</td><td></td><td></td><td></td></tr>
<tr><td>学习态度</td><td>5</td><td></td><td></td><td></td></tr>
<tr><td rowspan="6">岗位工作知识考核(30分)</td><td>口蹄疫免疫</td><td>5</td><td></td><td></td><td></td></tr>
<tr><td>布鲁氏菌病免疫</td><td>5</td><td></td><td></td><td></td></tr>
<tr><td>奶牛结核病检疫</td><td>10</td><td></td><td></td><td></td></tr>
<tr><td>布鲁氏菌病检疫</td><td>10</td><td></td><td></td><td></td></tr>
<tr><td>胃管投药法</td><td>5</td><td></td><td></td><td></td></tr>
<tr><td>灌肠给药法</td><td>5</td><td></td><td></td><td></td></tr>
<tr><td rowspan="3">任务操作技能(50 分)</td><td>静脉注射法</td><td>10</td><td></td><td></td><td></td></tr>
<tr><td>常见牛病的免疫</td><td>10</td><td></td><td></td><td></td></tr>
<tr><td>给药方法</td><td>10</td><td></td><td></td><td></td></tr>
<tr><td>总计</td><td></td><td>100</td><td></td><td></td><td></td></tr>
<tr><td>总评</td><td colspan="5"></td></tr>
</table>

参考文献

1.潘其云.花卉园艺工(初级).北京:中国劳动社会保障出版社,2003.
2.石万芳.花卉园艺工(中级).北京:中国劳动社会保障出版社,2003.
3.唐祥宁.花卉园艺工(高级).北京:中国劳动社会保障出版社,2003.
4.罗镪.花卉生产技术.北京:高等教育出版社,2005.
5.焦自高,徐坤.蔬菜生产技术.北京:高等教育出版社,2002.
6.秦越华.农作物生产技术.北京:中国农业出版社,2001.
7.张力飞、卜庆雁.果树栽培学程设计.北京:中国农业大学出版社,2011.
8.李青旺,胡建宏.畜禽繁殖与改良.2版.北京:高等教育出版社,2009.
9.尤明珍,张玲.禽的生产与经营.2版.北京:高等教育出版社,2010.
10.兰俊宝,王中华.牛的生产与经营.2版.北京:高等教育出版社,2010.
11.邓同炜,王宝英.禽病防治.2版.北京:高等教育出版社,2010.
12.孙颖士.牛羊病防治.2版.北京:高等教育出版社,2010.